高等学校公共课计算机规划教材

数据库应用基础学习指导

王　衍　主编

金　勤　林　锋　赵　辉　陈明晶　编著

電子工業出版社

Publishing House of Electronics Industry

北京 · BEIJING

内 容 简 介

本书是《数据库应用基础》的配套教学参考书，对教材中的习题及实验做了详细讲解，并配套模拟试卷及实验考核题库的内容。书中所有程序代码均以 Visual FoxPro 9.0 版本为环境调试运行。全书共分 4 部分，主要内容包括：教材习题答案与分析、实验程序设计题参考解答、模拟试卷及参考答案、实验考核题库及解答等。

本书可作为高等学校非计算机专业数据库及其程序设计应用的基础配套教材，也可供从事数据库系统教学、研究和应用的广大教师、学生和工程技术人员学习、参考。

图书在版编目（CIP）数据

数据库应用基础学习指导 / 王衍主编. —北京：电子工业出版社，2009.2
高等学校公共课计算机规划教材
ISBN 978-7-121-07752-4

I. 数…　II. 王…　III. 数据库系统－高等学校－教学参考资料　IV. TP311.13

中国版本图书馆 CIP 数据核字（2009）第 015893 号

策划编辑：王羽佳
责任编辑：秦淑灵
印　　刷：北京市顺义兴华印刷厂
装　　订：三河市双峰印刷装订有限公司
出版发行：电子工业出版社
　　　　　北京市海淀区万寿路 173 信箱　邮编　100036
开　　本：787×1092　1/16　印张：14.25　　字数：365 千字
印　　次：2009 年 2 月第 1 次印刷
印　　数：6 000 册　　定价：26.00 元

前　言

Visual FoxPro 作为一个关系数据库管理系统软件，从它诞生起就一直是高等学校非计算机专业，特别是经济管理类院校选用的计算机课程教学语言之一，是学习数据库知识及程序设计课程的入门语言，作为一门基础性的计算机课程教学语言主要具有以下特点：

1. 基础性。本课程的基础性主要体现在三个方面。一是教学对象的基础性，主要是针对非计算机、信息专业，具有一定 Windows 基础，第一次接触计算机程序设计语言的大学低年级学生；二是教学内容的基础性，重点是介绍数据库的基础知识，以及数据库程序设计基础；三是教学手段与方法的基础性，由于课程性质的基础性，决定了在教学的手段与方法上也应当有别于专业课程的教学，注重基本概念、基本方法与实验环节的设计。

2. 逻辑性。计算机本身就是由电子逻辑器件组成的，进行计算机程序设计需要学生具有较强的逻辑分析与抽象思维能力，这正是经管、人文类学生所缺乏的。通过学习本课程，有助于培养学生的逻辑分析与抽象思维能力，培养学生的科学素养以及实践动手能力。

3. 实践性。学习本课程的目的是为了利用计算机对大量数据进行基本的加工处理，辅助人的决策分析。因此，要学习和掌握好本课程就必须进行大量的实验，包括程序调试、人机界面、对话设计，等等。

4. 广泛性。本课程集程序设计和数据库语言于一体，其中，程序设计语言既支持传统的面向过程程序设计，又支持面向对象程序设计；数据库既有 Visual FoxPro 自身的特点，又支持 SQL-SELECT 标准的数据库结构查询语言。因此，学生不但要在较短时间内接触大量的计算机术语、数据库的基本知识、程序设计语言的语法规则，还必须学习运用这些概念、知识与规则编写计算机应用程序、解决应用问题。

由于上述特点，十分有必要从加强学生的动手能力入手，提高课程教学效果。本书是作为《数据库应用基础》的配套教学参考书，除对教材中的习题及实验作了详细解答外，还补充了模拟试卷及实践考核题库的内容，有助于学生理解《数据库应用基础》的内容、提高实践动手能力。书中所有程序代码均以 Visual FoxPro 9.0 版本为环境调试运行。全书共分 4 部分，主要内容包括：教材习题答案与分析、实验程序设计题参考解答、模拟试卷及参考答案、实验考核题库及解答等。

本书由王衍主编并统稿。第 1 部分的第 1，5 章由王衍编写，第 2，6 章由金勤编写，第 3，9 章由陈明晶编写，第 4 章由林锋、金勤编写，第 7，8 章由赵辉编写；第 2 至 4 部分由王衍、金勤执笔。

本书的编写参考了近年来出版的相关技术资料，吸取了许多专家和同仁的宝贵经验。同时，本书在编写过程中得到了浙江财经学院的关心，也得到了浙江财经学院信息学院众多同事的全力支持，特别在实验环节的设计及实验题库的调试上是许多老师共同努力的结晶，在此向他们以及所有关心支持本书编写的老师表示真诚的感谢。

由于作者水平有限，书中难免有错误或不当之处，敬请读者指正。

作　者

目　录

第 1 部分　教材习题答案与分析

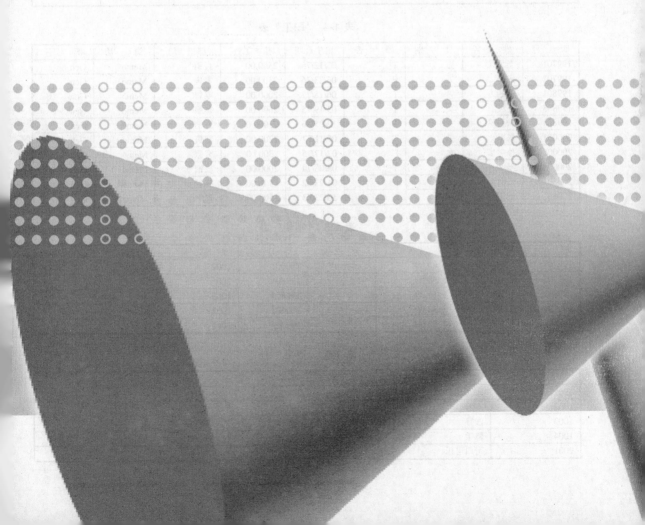

本书程序设计中主要涉及"营销"和"学籍"两个数据库。

1. "营销"数据库主要由职工.dbf、销售.dbf 和商品.dbf 三张表组成,其表结构及表记录情况分别如表 1-1～表 1-6 所示。

表1-1 "职工"表结构（表文件名：职工.dbf）

字 段 名	类 型	宽 度	小 数 位	字 段 名	类 型	宽 度	小 数 位
职工号	字符型	6		基本工资	数值型	8	2
姓名	字符型	8		部门	字符型	4	
性别	字符型	2		简历	备注型	4	
婚否	逻辑型	1		照片	通用型	4	
出生日期	日期型	8					

表1-2 "销售"表结构（表文件名：销售.dbf）

字 段 名	类 型	宽 度	小 数 位	字 段 名	类 型	宽 度	小 数 位
职工号	字符型	6		数量	数值型	8	2
商品号	字符型	4		金额	数值型	12	2

表1-3 "商品"表结构（表文件名：商品.dbf）

字 段 名	类 型	宽 度	小 数 位	字 段 名	类 型	宽 度	小 数 位
商品号	字符型	4		库存量	数值型	8	2
商品名称	字符型	20		单价	数值型	8	2
类别	字符型	4		单位	字符型	4	

表1-4 "职工"表

职 工 号	姓 名	性 别	婚 否	出生日期	基本工资	部 门	简 历	照 片
199701	李长江	男	T	05/12/75	2500.00	直销	Memo	Gen
199702	张伟	男	F	06/23/76	2300.00	零售	Memo	Gen
199801	李四方	男	T	06/18/77	2000.00	零售	Memo	Gen
199803	赵英	女	T	03/19/75	2600.00	客服	Memo	Gen
199804	洪秀珍	女	T	12/25/76	2100.00	直销	Memo	Gen
200001	张军	男	T	05/11/77	2200.00	零售	Memo	Gen
200005	孙学华	女	F	02/17/75	2300.00	客服	Memo	Gen
200006	陈文	男	T	08/08/74	2000.00	直销	Memo	Gen
200601	张丽英	女	F	04/23/82	1500.00	零售	Memo	Gen
200602	王强	男	F	10/23/83	1500.00	直销	Memo	Gen

表1-5 "销售"表

职 工 号	商 品 号	数 量	金 额	职 工 号	商 品 号	数 量	金 额
199701	1001	80.00		200001	2002	46.00	
199702	1001	30.00		199801	3003	32.00	
199803	2003	15.00		199803	1003	23.00	
199701	2001	30.00		200601	1002	16.00	
199804	3001	50.00		199702	2002	18.00	

表1-6 "商品"表

商 品 号	商 品 名 称	类 别	库 存 量	单 价	单 位
1001	海飞丝	洗涤	700.00	50.00	瓶
1002	潘婷	洗涤	580.00	40.00	瓶
1003	沙宣	洗涤	360.00	47.00	瓶
1004	飘柔	洗涤	400.00	38.00	瓶
2001	可口可乐	饮料	500.00	72.00	箱

续表

商　品　号	商　品　名　称	类　别	库　存　量	单　价	单　位
2002	非常可乐	饮料	300.00	68.00	箱
2003	娃哈哈矿泉水	饮料	600.00	43.00	箱
3001	德芙巧克力	糖果	800.00	80.00	包
3002	大白兔奶糖	糖果	500.00	55.00	包
3003	话梅奶糖	糖果	430.00	38.00	包

2. "学籍"数据库主要由学生.dbf、成绩.dbf 和课程.dbf 三张表组成，其表结构及表记录情况分别如表 1-7～表 1-12 所示。

表 1-7　"学生"表结构（表文件名：学生.dbf）

字　段	类　型	宽　度	小 数 位 数	字　段	类　型	宽　度	小 数 位 数
学号	字符型	6		奖学金	数值型	8	2
姓名	字符型	8		简历	备注型	4	
性别	逻辑型	1		照片	通用型	4	
出生年月	日期型	8					

表 1-8　"成绩"表结构（表文件名：成绩.dbf）

字　段	类　型	宽　度	小 数 位 数	字　段	类　型	宽　度	小 数 位 数
学号	字符型	6		成绩	数值型	4	1
课程号	字符型	4					

表 1-9　"课程"表结构（表文件名：课程.dbf）

字　段	类　型	宽　度	小 数 位 数	字　段	类　型	宽　度	小 数 位 数
课程号	字符型	4		学分	数值型	3	1
课程号	字符型	12		学期	字符型	1	
学时	数值型	3	0	考试标志	字符型	1	

表 1-10　"学生"表

学　号	姓　名	性　别	奖学金	出生年月	简　历	照　片
081001	高飞翔	T	5000.00	05/03/90	Memo	Gen
081005	金文文	F	3000.00	10/21/89	Memo	Gen
081010	钱江平	T	0.00	08/26/89	Memo	Gen
082003	张涛	T	0.00	01/28/90	Memo	Gen
082006	陈睿敏	F	3000.00	11/02/89	Memo	Gen
082110	李雅红	F	0.00	02/18/90	Memo	Gen
083001	王大强	T	1000.00	06/06/90	Memo	Gen
083123	陈晓红	F	1000.00	12/20/90	Memo	Gen
083008	陈超	T	0.00	03/03/89	Memo	Gen

表 1-11　"成绩"表

学　号	课 程 号	成　绩	学　号	课 程 号	成　绩
081001	0001	95.0	081005	0010	82.0
081005	0006	67.0	082003	0003	80.0
081005	0002	56.0	082003	0005	83.0
082003	0004	85.0	081001	0002	85.0
081001	0007	90.0	082003	0001	65.0

表 1-12　课程表

课 程 号	课 程 名	学　时	学　分	学　期	考 试 标 志
0001	经济数学	102	6.0	1	1
0002	英语	85	5.0	1	1
0003	计算机基础	68	3.8	2	1
0004	数据库应用	85	4.0	3	1
0005	会计学	51	3.0	1	1
0006	金融学	51	3.0	4	1
0007	经济学	51	3.0	2	1
0008	财政学	34	5.0	6	0
0009	程序设计	51	3.0	6	0
0010	统计学	51	3.0	5	0

第 1 章　数据库基础知识

1.1　判断题

1．关系数据库中关系运算的操作对象为二维表。

【答案】✓

2．Visual FoxPro 是一个层次型的数据库管理系统。

【答案】×

【分析】Visual FoxPro 应该是一个关系型数据库管理系统。

3．关系型数据库对关系有 3 种基本操作：选择、投影及连接。

【答案】✓

4．一个关系表可以有多个主关键字。

【答案】×

【分析】关系表可以有多个关键字，但某一时刻只有一个关键字能够作为主关键字。

5．单独一个变量或一个常数也是一个表达式。

【答案】✓

【分析】常数、变量都是表达式的特殊形式。

6．数组不同于一般的内存变量，必须先定义后使用。

【答案】✓

【分析】对于类似 A(9)这样的数组变量，如果不先定义，系统是分不清楚这是一个函数名还是一个数组变量的，必须先通过 DIMENSION 或/DECLARE 命令定义 A 数组。

7．给数组变量赋值的时候，如果没有指明下标，则表示给数组的第一个元素赋值。

【答案】×

【分析】在给数组变量赋值时，如果未指明下标，则应该是对该数组中所有元素同时赋予同一个值。例如，假设已定义 DIMENSION A(10)，如果再赋值 A=5，则表示 A 数组的所有元素 A(1),A(2),…,A(10)均等于 5。

8．在表文件打开的情况下，同名的字段变量优先于内存变量。

【答案】✓

【分析】在表文件打开的情况下，同名的字段变量优先于内存变量，这是正确的。如果要表明是内存变量，可以在变量名前面另加"M."或"M->"。

9．两个日期数据相减，其结果是数值型数据。

【答案】✓

【分析】两个日期型数据可以相减，结果是一个数值，表示两个日期之间相差的天数。

10．可以使用 STORE 命令同时给多个内存变量赋值。

【答案】✓

【分析】可以使用 STORE 命令同时给多个内存变量赋值。例如 STORE 5 TO A，B，C，表示将数值 5 同时赋给 A，B，C 三个变量，这也是 STORE 与"="语句的不同之处，"="语句不能同时给多个内存变量赋值。

11．在 Visual FoxPro 中，如果对内存变量没有赋初值，则它的值自动为 0。

【答案】×

【分析】在 Visual FoxPro 中，如果对内存变量没有赋初值，则表示该变量没有定义，系统是找不到该变量的。例如，如果没有对变量 Z 赋值，执行 A=Z+1，则系统找不到变量 Z。

12．内存变量的数据类型一旦确定，是不能改变的。

【答案】×

【分析】内存变量的数据类型可以在使用时改变。例如，初始时我们可以为变量 A 赋值为数值型，如 A=5；以后还可以将变量 A 置成日期型，如 A=DATE()。

13．"3.141 59"表示一个字符型常量。

【答案】✓

【分析】注意，3.141 59 是一个数值型常量，但若用字符串定界符将数字括起来，如"3.141 59"、'3.141 59'或[3.141 59]等，则是字符型常量。

14．如果一个表达式中有多种运算符，则数值运算符一定最先运算。

【答案】✓

【分析】各种运算符的优先级别由高到低分别为：括号、数值运算符、字符运算符、日期运算符、关系运算符、逻辑运算符。

15．函数的自变量类型和函数值的类型必须一致。

【答案】×

【分析】函数的自变量类型与函数值的类型不一定是一致的。例如，取字符串长度函数的自变量是字符型，而该函数的结果是数值型，LEN("ABCD")的结果是 4；再如，取年函数的自变量是日期型，而该函数的结果是数值型，YEAR(DATE())的结果可能为 2008。

16．函数 YEAR(DATE())得到系统的年份，其数据类型为日期型。

【答案】×

【分析】函数 YEAR(DATE())得到系统的年份，其数据类型为数值型。

17．SET EXACT ON 只对字符串运算起作用。

【答案】✓

【分析】是的，SET EXACT ON 只对字符串运算起作用。数值型数据一定是精确比较的，数值 3.14 与 3.141 无论 SET EXACT ON 还是 OFF 都是不相等的。

18．两个日期数据可以相减，但不能相加。

【答案】✓

【分析】两个日期型数据可以相减，结果是一个数值，表示两个日期之间相差的天数；日期型数据加上一个整数，其结果为一个新的日期；日期型数据减去一个整数，其结果为一个新的日期。

19．在 Visual FoxPro 中，已知 Y=5，执行 X=Y=5 后，X 的值为 5。

【答案】×

【分析】在 X=Y=5 表达式中，第一个"="是赋值语句，表示将右边的表达式的值赋给左边的变量，而右边是用比较符"="连接的关系表达式，所以 X 的值等于逻辑.T.。

20．VAL 函数是将数值型数据转换成字符型数据的函数。

【答案】×

【分析】VAL 函数是将字符型数据转换成数值型数据的函数。例如，VAL("123")是将字符串"123"转换成数值 123。

1.2　选择题

1．Visual FoxPro 支持的数据模型是（　　）。

    A．层次数据模型　　　　　　　　　　B．关系数据模型

    C．网状数据模型　　　　　　　　　　D．树状数据模型

【答案】B

2．数据库（DB）、数据库系统（DBS）和数据库管理系统（DBMS）之间的关系是（　　）。

    A．DBMS 包括 DB 和 DBS　　　　　　B．DBS 包括 DB 和 DBMS

    C．DB 包括 DBS 和 DBMS　　　　　　D．DB，DBS 和 DBMS 是平等关系

【答案】B

【分析】数据库系统通常由计算机硬件及相关软件、数据库、数据库管理系统及用户 4 部分组成。因此，数据库系统中包括数据库和数据库管理系统。

3．数据库系统的核心是（　　）。

    A．数据库　　　　　　　　　　　　　B．操作系统

    C．数据库管理系统　　　　　　　　　D．文件

【答案】C

【分析】数据库管理系统是在操作系统支持下工作的操纵和管理数据的系统软件，是整个数据库系统的核心。

4．实体集 1 中的一个元素，在实体 2 中有多个元素与它对应；而实体集 2 中的一个元素，在实体集 1 中，最多只有一个元素与它对应。这两个实体之间的关系是（　　）。

    A．一对一　　　　B．多对多　　　　　　C．一对多　　　　D．都不是

【答案】C

5．Visual FoxPro 关系数据库管理系统能实现的 3 种基本关系运算是（　　）。

    A．索引、排序、查找　　　　　　　　B．建库、录入、排序

    C．选择、投影、连接　　　　　　　　D．显示、统计、复制

【答案】C

6．将关系看成一张二维表，则下列叙述中错误的是（　　）。

    A．同一列的数据类型相同　　　　　　B．表中不允许出现相同列

    C．表中行的次序可以交换　　　　　　D．表中列的次序不可以交换

【答案】D

【分析】对关系型数据库来说，关系（表）中记录（行）和字段（列）的顺序可以任意排列，不影响关系表中所表示的信息含义。

7. 关键字是关系模型中的重要概念。当一张二维表（A 表）的主关键字被包含到另一张二维表（B 表）中时，它就称为 B 表的（　　　）。

　　A．主关键字　　　　B．候选关键字　　　　C．外部关键字　　　　D．超关键字

【答案】C

【分析】如果一个属性在本表中不是主关键字，而在另一个表中是主关键字，则该属性称为外部关键字。例如，在"销售"表中的"职工号"是"职工"表的主关键字，但它并不是"销售"表的主关键字。这里，称"职工号"属性为"销售"表的外部关键字。

8. 在 Visual FoxPro 中，以下关于内存变量的叙述有错误的是（　　　）。

　　A．内存变量的类型取决于其值的类型

　　B．内存变量的类型可以改变

　　C．数组是按照一定顺序排列的一组内存变量

　　D．一个数组中各个元素的数据类型必须相同

【答案】D

【分析】在同一数组中的各个元素的数据类型可以不相同。它的类型由最近一次的赋值语句决定。例如，在 A 数组中，A(1)=5 是数值型，A(2)=DATE()是日期型，而 A(3)=.T.是逻辑型，等等。

9. Visual FoxPro 中的变量有两类，它们分别是（　　　）。

　　A．内存变量和字段变量　　　　　　B．局部变量和全局变量

　　C．逻辑型变量和货币型变量　　　　D．备注型变量和通用型变量

【答案】A

【分析】Visual FoxPro 的变量可分为字段变量和内存变量两种。内存变量又分为一般内存变量、系统内存变量和数组变量。

10. Visual FoxPro 内存变量的数据类型不包括（　　　）。

　　A．数值型　　　　B．货币型　　　　C．备注型　　　　D．逻辑型

【答案】C

【分析】Visual FoxPro 内存变量的数据类型不包括备注型，备注型变量是字段变量的一种。

11. 下面关于 Visual FoxPro 数组的叙述中，错误的是（　　　）。

　　A．DIMENSION 和 DECLARE 都能定义数组，它们具有相同的功能

　　B．Visual FoxPro 能支持二维以上的数组

　　C．一个数组中各个数组元素不必是同一种数据类型

　　D．新定义数组的各个数组元素初值为 .F.

【答案】B

【分析】Visual FoxPro 只支持一维和二维数组，不能支持二维以上的数组。例如，DECLARE A(2,3,4)，系统会出错，提示无效的下标引用。

12. 使用命令 DECLARE array(2, 3)定义的数组，包含的数组元素的个数为（　　　）。

　　A．2 个　　　　B．3 个　　　　C．5 个　　　　D．6 个

【答案】D

【分析】若数组元素有 2 个下标，则称为双下标变量，其中第 1 个叫行下标，第 2 个叫

列下标，由双下标变量组成的数组称为二维数组。二维数组 B(2,3)是一个 2 行 3 列的数组，6 个数组元素分别为：B(1,1)，B(1,2)，B(1,3)，B(2,1)，B(2,2)，B(2,3)，它们都是双下标变量。括号内的数值，既说明了数组元素的个数，又表示该数组元素下标的最大值。

13．下列（　　）为非法的变量名或字段名。

　　A．CUST-ID　　　B．姓名　　　　　C．COLOR_ID　　　D．成绩

【答案】A

【分析】变量的命名规则是：变量名由字母、汉字、数字和下划线组成，且必须以字母、汉字或下划线开头；变量名长度为 1~128 个字符，每个汉字 2 个字符；变量名命名应有意义，且不能与 Visual FoxPro 的关键字相同。本题目中"CUST-ID"含减号，不符合变量名的命名规则。

14．下列表达式中，结果为"数据库应用"的表达式是（　　）。

　　A．"数据库"，"应用"　　　　　　　B．"数据库"＆"应用"

　　C．"数据库"＋"应用"　　　　　　　D．"数据库"＄"应用"

【答案】C

【分析】"，"是数据项的分隔符，"＆"是宏函数，"＄"是字符串包含运算符，而"＋"是字符串连接运算符，可以将两个字符串连接起来。

15．如果内存变量与字段变量均有变量名姓名，则引用内存变量的正确方法是：

　　A．A.姓名　　　B．M.姓名　　　　C．姓名　　　　　　D．不能引用

【答案】B

【分析】当内存变量与字段变量同名时，字段变量优先；如果要特别指定是内存变量，则在变量名的前面加上"M."或"M->"，所以 B 是正确的。

16．在下面 4 组函数运算中，结果相同的是（　　）。

　　A．LEFT（"Visual FoxPro"，6）与 SUBSTR（"Visual FoxPro"，1,6）

　　B．YEAR（DATE（））与 SUBSTR（DTOC（DATE），7,2）

　　C．VARTYPE（"36−5∗4"）与 VARTYPE（36−5∗4）

　　D．假定 A = "This "，B = "is a string."，A−B 与 A+B

【答案】A

17．函数 IIF（LEN（RIGHT（"RIGHT"，7））＞6,5,−5）返回的值是（　　）。

　　A．.T.　　　　B．.F.　　　　　　C．5　　　　　　D．−5

【答案】D

【分析】因为 LEN(RIGHT（"RIGHT"，7))的返回值为 5，小于 6，所以 IIF 函数的条件部分的取值是逻辑.F.，结果为−5。

18．下列函数中函数值为字符型的是（　　）。

　　A．DATE( )　　B．TIME（)　　　　C．YEAR（)　　　D．MONTH（)

【答案】B

【分析】DATE( )的值是日期型，YEAR（)与 MONTH（)的值是数值型，而 TIME（)返回的是字符型。例如，LEFT(TIME(),2)返回的是系统当前的小时，但数据类型是字符型。

19．设有变量 PI=3.141 592 6，执行命令 ?ROUND（PI, 3）的显示结果是（　　）。

　　A．3.14　　　　B．3.142　　　　　C．3　　　　　　D．3.141

【答案】B

【分析】ROUND 为四舍五入函数，其中的 3 为保留小数的位数。

20．下列选项中得不到字符型数据的是（　　　）。

  A．DTOC（DATE（））   B．TIME（）

  C．STR（123.567）   D．AT（"1", STR（123））

【答案】D

【分析】DTOC 函数是将日期型数据转换为字符型数据，TIME（）函数返回的是字符型数据，STR 是将数值型数据转换成字符型数据，而 AT 函数是测试一个字符串在另一个字符串中所处的位置，返回的是数值型数据。

21．函数 STR（2781.5785, 7, 2）返回的结果是（　　　）。

  A．2781   B．2781.58   C．2781.579   D．81.5785

【答案】B

【分析】STR 函数的功能是将数值型数据转换成字符型数据，STR（2781.5785, 7, 2）中的 7 表示转换的总宽度，包括小数点；2 表示保留的小数位，因为位数小于实际数值的小数位数，所以四舍五入处理。

22．表达式 LEN（SPACE（5）– SPACE（2））的值是（　　　）。

  A．2   B．3   C．5   D．7

【答案】D

【分析】LEN 函数测试的是字符串的长度。需要注意的是，空格串也是字符串，而"–"在这里不是数值运算符的减号，而是字符串的连接运算符，表示将两个字符串连接时，把第一个字符串的尾部空格移到后面字符串的尾部，但连接起来仍然是 7 个空格字符串。

23．在下列表达式中，其值为数值的是（　　　）。

  A．AT（"人民", "中华人民共和国"） B．CTOD（"01/01/96"）

  C．BOF（）   D．SUBSTR（DTOC（DATE（））, 7）

【答案】A

24．将日期型数据转换成字符型数据，使用的函数是（　　　）。

  A．DTOC   B．STR   C．CTOD   D．VAL

【答案】A

【分析】STR 是将数值型数据转换成字符型数据，CTOD 函数是将字符型数据转换为日期型数据，VAL 函数是将字符型数据转换成数值型数据，而 DTOC 函数是将日期型数据转换为字符型数据。

25．在 VFP 中执行了如下命令序列：

```
FH="*"
X="3.2&FH.3"
?X
```

最后一条命令的显示结果是（　　　）。

  A．3.2&FH.3 B．3.2*3   C．9.6   D．3.2*.3

【答案】B

【分析】在上面的命令序列中，&FH 相当于将 FH 的值 "*" 的双引号替换掉，FH 后面的 "." 表示&函数到 FH 为止，后面的 3 直接连上，使 "3.2*3" 构成一个字符串，所以本题目的结果是一个字符型数据。

26．设 S="(3+2.5)"，表达式 4*&S.+5 的输出结果是（   ）。

  A．9.00   B．20.00   C．27.00   D．出错信息

【答案】C

【分析】&S 相当于将 S 的值 "(3+2.5)" 的双引号替换掉，得到数值 5.5，S 后面的 "." 表示&宏函数到 S 为止，后面的+5 直接连上，得到表达式 4*5.5+5，即结果为 27。

27．下列叙述中正确的是（   ）。

  A．x#y 表示 x 与 y 全等   B．内存变量名与字段名不能相同

  C．2x 为非法的内存变量名   D．数组中的元素数据类型必须相同

【答案】C

【分析】2x 为非法的内存变量名，因为内存变量名必须以字母、汉字或下划线开头。其他叙述均不正确：x#y 表示 x 与 y 不等，内存变量名与字段名可以相同，而数组中的元素数据类型可以是不相同的。

28．在 Visual FoxPro 中，下列数据属于常量的是（   ）。

  A．.N.   B．F   C．07/08/99   D．都对

【答案】A

【分析】F 表示变量（如果带两圆点则是逻辑常量.F.）；07/08/99 是数值表达式，"/" 是数值运算符除号；而.N.是逻辑常量，表示逻辑假，也可以表示为.F.（逻辑真可表示为.T.或.Y.）。

29．以下哪种数据类型不能进行 "+" 和 "−" 的运算（   ）。

  A．数值型   B．日期型   C．字符型   D．逻辑型

【答案】D

【分析】数值型、日期型和字符型都可以进行 "+" 和 "−" 的运算，但其含义和要求不同；而逻辑型是不能进行 "+" 和 "−" 的运算的。

30．在 Visual FoxPro 中，关于数值运算、关系运算、逻辑运算和函数的运算优先级，正确的是（   ）。

  A．函数>数值运算>逻辑运算>关系运算 B．函数>逻辑运算>数值运算>关系运算

  C．数值运算>函数>逻辑运算>关系运算 D．函数>数值运算>关系运算>逻辑运算

【答案】D

【分析】常量、变量和函数都是特殊的表达式，其优先级高于有运算符连接的表达式。

31．设初值 Y=100，执行 X=Y=200 命令后变量 X 的值是（   ）。

  A．200   B．100   C．.F.   D．.T.

【答案】C

【分析】在 X=Y=200 表达式中，第一个 "=" 是赋值语句，表示将右边的表达式的值赋给左边的变量，而右边是用比较符 "=" 连接的关系表达式，所以 X 的值等于逻辑.F.。

32．AT 函数和$运算符相似，它们的返回值的类型分别为（   ）。

  A．数值型和数值型   B．数值型和逻辑型

　　　　C．逻辑型和数值型　　　　　　　　　D．逻辑型和逻辑型

【答案】 B

33．在下列表达式中，运算结果为数值的是（　　　）。

　　　　A．[66]+[8]　　　　　　　　　　　　B．LEN(SPACE(8))+1

　　　　C．CTOD("07/08/08")+31　　　　　　　D．300+200=500

【答案】 B

【分析】 [66]+[8]是两字符串连接，得到的仍然是字符串；CTOD("07/08/08")+31 是将一个日期加一个常数，得到一个新的日期；300+200=500 是一个关系表达式，结果是逻辑.T.；而 LEN(SPACE(8))+1 是取空字符串的长度再加 1，得到的是一个数值 9。

34．在系统默认情况下，下面严格日期书写格式正确的一项是（　　　）。

　　　　A．{2002-06-27}　　B．{06/27/02}　　　C．{^2008-08-08}　　　D．{^08-08-08}

【答案】 C

【分析】 系统在默认情况下只接受严格日期常量，其格式为{^yyyy-mm-dd}。如果要接受传统日期格式表示的常量，需要通过命令 SET STRICTDATE TO [0/1/2]来改变设置，例如命令 SET STRICTDATE TO 0 表示不进行严格的日期格式检查，此时 {06/27/02} 和 {^08-08-08} 都可以作为日期常量。而 SET STRICTDATE TO 1 命令表示进行严格的日期格式检查，它是系统默认的设置

35．下面表达式中运算结果是逻辑真的是（　　　）。

　　　　A．EMPTY(.NULL.)　　　　　　　　　B．'AC'$'ACD'

　　　　C．AT('a','123abc')　　　　　　　　　D．'AC'='ACD'

【答案】 B

【分析】 EMPTY(.NULL.)函数是测试是否为空函数，返回逻辑值.F.；AT 是位置测试函数，返回的是数值；'AC'='ACD'是关系表达式，返回的是逻辑值.F.；而'AC'$'ACD'中的$是测试是否包含函数，返回逻辑值.T.。

1.3　填空题

1．数据管理发展的阶段分别是＿＿＿＿＿、＿＿＿＿＿和＿＿＿＿＿。

【答案】 人工管理；文件系统；数据库系统

2．数据库管理系统常用的数据模型有＿＿＿＿＿、＿＿＿＿＿和＿＿＿＿＿。

【答案】 层次模型；网状模型；关系模型

3．关系数据库的 3 种关系运算是＿＿＿＿＿、＿＿＿＿＿和＿＿＿＿＿。

【答案】 选择；投影；连接

4．数据的完整性规则一般分为＿＿＿＿＿、＿＿＿＿＿和＿＿＿＿＿。

【答案】 实体完整性；参照完整性；用户自定义完整性

5．在 Visual FoxPro 的命令窗口，退出 Visual FoxPro 系统所执行的命令是＿＿＿＿＿。

【答案】 QUIT

6．定义一个数组后，该数组中元素的初值均被赋予＿＿＿＿＿。

【答案】逻辑.F.

7．显示职工表中"职工号"字段包含字符"1998"的全部记录，其命令为_____。

【答案】LIST FOR LEFT(职工号,4)="1998"或 LIST FOR SUBSTR(职工号,1,4)="1998"

8．若函数 DATE()的值为"07/08/08"，从这个日期中变换出字符串"2008"的表达式是_____。

【答案】"20"+RIGHT(DTOC(DATE()),2)或 STR(YEAR(DATE()),4)

9．在当前职工表中，有逻辑字段"婚否"和日期型字段"出生日期"，现显示所有出生日期大于 1976 年 12 月 31 日的未婚职工的记录，其命令为_____。

【答案】LIST FOR 出生日期<{^1976-12-31} AND !婚否

10．关系数据库对关系有 3 种基本操作，在 Visual FoxPro 命令格式中，FIELDS <字段名表>是对关系的_____操作，FOR <条件>是对关系的_____操作。

【答案】投影操作；选择操作

11．?AT("人民","中国人民银行")的执行结果是_____；?"人民"$"中国人民银行" 的执行结果是_____；?SUBSTR("中国人民银行",5,4)的执行结果是_____；?STUFF("中国人民银行",5,4,"工商")的执行结果是_____。

【答案】5；.T.；人民；中国工商银行

12．A=5，B=8，则?(B−A)*RAND()+A 的结果是介于_____到_____之间的实数。

【答案】5；8

13．?DAY(CTOD("07/29/08")+10)的执行结果是_____；DATE()−CTOD("07/29/08")执行结果的类型是_____；{^2008-08-08}+100 执行结果的类型是_____。

【答案】8；数值型；日期型

14．写出下面数学表达式的 Visual FoxPro 表达式：

（1）B^2-4AC_____；　　　　　（2）$3\sin30° +\ln100$_____；

（3）$|10ex-y/(a-b)|$_____；　　（4）$5X+6 \leqslant Y \leqslant 1\ 000$_____。

【答案】（1）B*B−4*A*C；　　　　　（2）3*SIN(30*PI()/180)+LOG(100)；

　　　　（3）ABS(10*EXP(X)−Y/(A−B))；　（4）5*X+6<=Y AND Y<=1 000。

15．当用 DIMENSION A(10)定义 A 数组，再执行 A=5 后，则表示_____。

【答案】A 数组的所有元素值均为 5

第 2 章　数据表的基本操作

2.1　判断题

1. 打开表文件，使用 LIST 命令显示后，若再用 DISPLAY 命令将显示第一条记录内容。

【答案】×

【分析】使用 LIST 命令显示后，记录指针已经移到文件尾，即 EOF()=.T.，这时再用 DISPLAY 命令将没有任何输出信息。

2. 执行 DISPLAY ALL 命令后，记录指针在最后一条记录。

【答案】×

【分析】执行 DISPLAY ALL 命令后，记录指针已经移到文件尾，即 EOF()=.T.，而不是最后一条记录。

3. 当 EOF( ) 为.T.时，RECNO( ) 永远为 RECCOUNT()+1。

【答案】√

【分析】是的，当记录指针在文件尾时，当前记录号一定是当前表的总记录数加 1。

4. 当 BOF() 为真时，RECNO() 永远是 1。

【答案】×

【分析】当 BOF()为真时，表示记录指针已经移到文件头，当前记录号一定是当前表的第 1 条记录的记录号，如果表是按自然（物理）顺序排序的，则当前记录号是 1，如果是按逻辑顺序排序的，则当前记录号就不一定是 1。

5. TOTAL 命令只能对表文件中的数值字段分类求和。

【答案】√

【分析】TOTAL 命令的功能是对当前表按指定字段分类并计算指定数值型字段的分类和，结果存放在新建的表文件中。

6. REPLACE 命令可以修改内存变量和字段变量的值。

【答案】×

【分析】REPLACE 命令只能以替换方式修改字段变量的值，不能修改内存变量的值，内存变量的值可以通过赋值语句等命令进行修改。

7. 索引文件可以独立打开并使用。

【答案】×

【分析】索引文件不能脱离所依赖的表文件而单独使用，可以在用 USE 命令打开表文件的同时打开相关的索引文件，也可以在表文件打开后再用命令打开相关的索引文件。

8. 一个表文件可以建立多个索引。

【答案】√

【分析】一个表文件可以建立多个索引，但某一时刻只有某个索引或索引组合作为主控起作用。

9. 当记录指针指向第一条记录时，其文件头函数 BOF() 值为假。

【答案】√

【分析】第一条记录并不是文件头，当然此时 BOF()=.F.。

10. 记录的逻辑删除只是对记录加了一个删除标记，记录仍可以正常操作。

【答案】√

【分析】是的，但可以通过 SET DELETED ON/OFF 命令设置使逻辑删除的记录不参与或参与其他命令的处理。

11. Visual FoxPro 可以通过.txt 文件与其他高级语言进行数据交换。

【答案】√

【分析】是的，一般高级语言都支持对文本格式文件的读取操作。

12. 在将表文件更改文件名后，其同名的备注文件也必须改名。

【答案】√

【分析】如果该表有备注型字段或通用型字段，则其与表同名的备注文件也必须改名，否则表在打开时会出错。

13. SKIP 2 与 GO 2 的效果一样，都使指针指向第 2 条记录。

【答案】×

【分析】SKIP 2 与 GO 2 的效果是不同的，SKIP 2 是相对当前记录向下移 2 条记录；GO 2 是绝对移位，将记录指针移到物理记录号为 2 的记录上。

14. 在索引文件被删除时，其相应的表文件必须打开。

【答案】×

【分析】在索引文件被删除时，其相应的表文件必须关闭，否则是不能删除成功的。另外还需要注意，删除索引文件一般是针对单项索引文件,复合索引文件一般是不直接删除的。

15. LOCATE 命令只能查找未索引文件的记录。

【答案】×

【分析】无论是否建立索引，LOCATE 命令都是按表的排列顺序依次搜索满足条件的第一条记录。

16. ZAP 命令物理删除整个表文件。

【答案】×

【分析】ZAP 命令是物理删除当前表的所有记录，只留下表的结构，并没有删除表文件。

17. 在修改文件名时，文件必须关闭。

【答案】√

【分析】是的，在修改某一文件的文件名时，必须先关闭该文件。

18. 建立表文件时，一定也产生同名的备注文件。

【答案】×

【分析】建立表文件时，不一定会产生同名的备注文件，只有当表中含有备注型或通用型字段时才会生成同名的备注文件。

19. 表文件记录的物理顺序和其索引文件记录的逻辑顺序总是不一致的。

【答案】×

【分析】表文件记录的物理顺序和其索引文件记录的逻辑顺序有可能是一致的。例如，如果有一职工表在建立时就是按照职工号的顺序录入记录的，则如果以职工号建立索引，这时的逻辑顺序与物理顺序是一致的。

20．对一个表建立索引，就是将原表中的记录重新排列其物理顺序。

【答案】×

【分析】对一个表建立索引，就是将原表中的记录按照索引关键字进行逻辑排序，不会改变原表的物理顺序。

21．使用 LIST ALL 命令可以把备注型字段的内容显示出来。

【答案】×

【分析】LIST ALL 是显示所有记录，但不会显示备注型字段的内容，如果要显示备注型字段的内容，则要加入 FIELDS 备注字段名。

22．OLE 的链接和嵌入的区别在于数据的存储地点不同。

【答案】√

【分析】在表的通用型字段中引用 OLE 对象，可以采用链接和嵌入两种方法。链接方法是按照文件的路径与指定文件保持连接；而嵌入方法则是将指定文件的副本放到 Visual FoxPro 中。链接与嵌入的区别在于数据的存储地点不同。

23．关闭表文件时，对应的索引文件将自动关闭。

【答案】√

24．某一字段的数据类型是数值型，如果整数部分最多 5 位，小数部分 2 位，则该字段宽度应定义为 7 位。

【答案】×

【分析】应该定义为 8 位，其中小数点占 1 位。因为，对数值型字段来说，如果小数位不为零，则总的宽度应该包含小数点本身。

25．在同一表文件中，所有记录的长度均相等。

【答案】√

【分析】在同一表中，各记录的长度等于各字段宽度之和加 1，加的 1 个字节用来存放删除标记。如果支持空值，则还要增加 1 个字节，用来记录支持空值的状态。所以，在同一表中各记录是等长的。

2.2　选择题

1．设职工.dbf 表文件中共有 10 条记录，执行如下命令序列：

```
USE 职工
GOTO 5
LIST
? RECNO ( )
```

执行最后一条命令后，屏幕显示的值是（　　）。

A．5　　　　　　　B．1　　　　　　　C．10　　　　　　　D．11

【答案】D

【分析】LIST 命令默认的范围是所有记录，当该命令执行后记录指针移到文件尾，即 EOF=.T.，这时的记录号是总的记录数加 1，已知职工表共有 10 条记录，所以答案是 11。

2. 在命令窗口中，已打开职工表，要将记录指针定位在第一个基本工资大于 2 100 元的记录上，用（　　）命令。

　　A．LOCATE FOR 基本工资>2100　　　　B．DISPLAY FOR 基本工资>2100
　　C．BROWSE FOR 基本工资>2100　　　　D．LIST FOR 基本工资>2100

【答案】A

【分析】BROWSE，LIST 和 DISPLAY 命令都是显示满足条件的所有记录，而只有 LOCATE 命令是查找定位在满足条件的记录上。

3. 执行 LIST NEXT 1 命令后，记录指针的位置指向（　　）

　　A．下一条记录　　B．原来记录　　　　C．尾记录　　　　D．首记录

【答案】B

【分析】由于范围 NEXT N 是指包含当前记录的向下 N 条记录，所以 NEXT 1 仍然是原来记录。

4. 在已打开的表文件的第 5 条记录前插入一条空记录，可使用（　　）命令。

　　A．GO 5　　　　　　　　　　　　　B．GO 4
　　　　INSERT　　　　　　　　　　　　　INSERT BEFORE
　　C．GO 5　　　　　　　　　　　　　D．GO 5
　　　　INSERT BLANK　　　　　　　　　　INSERT BEFORE BLANK

【答案】D

【分析】INSERT 或 INSERT BEFORE 是在当前记录的后面或前面插入记录，并进入插入方式，INSERT BLANK 是在当前记录的后面插入一条空记录，而 INSERT BEFORE BLANK 是在当前记录的前面插入一条空记录。

5. 打开一张空表（无任何记录的表），未作记录指针移动操作时 RECNO（　），BOF（　）和 EOF（　）函数的值分别为（　　）。

　　A．0，.T.和.T.　　　　B．0，.T.和.F.　　　　C．1，.T.和.T.　　　　D．1，.T.和.F.

【答案】C

【分析】当打开一张空表时，指针所在的位置既是文件头，也是文件尾，且当前记录号为 1。

6. 命令 DELETE ALL 和 ZAP 的区别是（　　）。

　　A．DELETE ALL 只删除当前工作区的所用记录，而 ZAP 删除所用工作区的记录
　　B．DELETE ALL 删除当前工作区的所用记录，而 ZAP 只删除当前的记录
　　C．DELETE ALL 只删除记录，而 ZAP 连同表文件一起删除
　　D．DELETE ALL 删除记录后可以用 RECALL 命令恢复，而 ZAP 删除后不能恢复

【答案】D

7. 执行不带索引文件名的 SET INDEX TO 命令的作用是（　　）。

　　A．重新建立索引文件　　　　　　　　B．关闭索引文件
　　C．删除索引文件　　　　　　　　　　D．打开所有索引文件

【答案】B

8. 可以随着表的打开而自动打开的索引是（　　　）。

    A. 单项索引文件（dix）　　　　　　　　B. 结构复合索引文件（cdx）

    C. SORT 文件（dbf）　　　　　　　　　D. 非结构复合索引文件（cdx）

【答案】B

9. 若要对职工表建立以基本工资和出生日期为关键字的多字段索引，其正确的索引关键字表达式为（　　　）。

    A. 基本工资+出生日期

    B. STR（基本工资,8,2）+出生日期

    C. 基本工资+DTOC（出生日期）

    D. STR（基本工资,8,2）+DTOC（出生日期）

【答案】D

【分析】A，B，C 三个答案中两个相加数据项的数据类型都不一致，不能连接起来作为多字段索引，而 D 中两数据项均转换成字符型后进行连接，可作为索引关键字。

10. 对表文件按关键字建立索引并设为主控后，命令 GO BOTTOM 把文件指针移到（　　　）。

    A. 记录号不能确定　　　　　　　　　　B. 逻辑的最后一条记录

    C. 最大记录号的记录　　　　　　　　　D. RECCOUNT( )+1 号记录

【答案】B

11. 假设数据表文件已经打开，并设定了主控索引，为了确保指针定位在物理记录号为 1 的记录上，应该使用的命令是（　　　）。

    A. GO TOP　　　B. GO BOF()　　　C. SKIP 1　　　D. GO 1

【答案】D

【分析】在索引文件打开的情况下，第 1 条记录并不一定是物理的第 1 条，所以 A 不对；GO BOF()命令不存在；SKIP 1 是向下移动 1 条记录指针；而 GO 1 是将记录指针移到物理的第 1 条记录上，符合题目要求。

12. 使用 USE 命令打开表文件时，其对应的结构复合索引文件也自动打开，这时表记录的顺序将按（　　　）显示。

    A. 第一个索引标识　　　　　　　　　　B. 最后一个索引标识

    C. 主控索引标识　　　　　　　　　　　D. 物理顺序

【答案】D

【分析】只有设置了主控索引，才能按索引后的逻辑顺序排列。

13. 某数据表文件有 5 个字段，不支持空格，其中 3 个字符型字段的宽度分别为 6，12 和 10，另有一个逻辑型字段和一个日期型字段，该数据库表文件中每条记录的总字节数是（　　　）。

    A. 37　　　　　　B. 38　　　　　　C. 39　　　　　　D. 40

【答案】B

【分析】通常表中每条记录的总字节数是各字段宽度之和再加 1 个字节，多加的字节用来存放删除标记"*"。如果支持空值，则总计的字节数还要增加 1 个字节，用来记录支持空

值的状态。本题目说不支持空值，所以是各字段宽度之和 37+1。

14．假设已打开职工表并设姓名字段为主控索引，现有一个内存变量 W，其值为"张军"，可用命令（　　）来查找姓名为"张军"的职工。

　　A．LOCATE　W　B．SEEK 张军　　　　　C．SEEK W　　　　　D．LOCATE　张军

【答案】C

【分析】A 和 D 不对，后面 LOCATE 应该跟查询条件，不能是简单表达式；B 也不正确，这里出现的张军是变量，张军作为变量没有赋初值；而 C 是正确的，因为 W 已赋初值"张军"，且姓名字段是主控索引。

15．假设已打开职工表和相应的索引文件，要查找第 2 个基本工资为 2300 元的职工，应使用命令（　　）。

　　A．SEEK 2300　　　　　　　　　　B．SEEK NEXT 2

　　C．SEEK 2300　　　　　　　　　　D．SEEK 2300

　　　　CONTINUE　　　　　　　　　　　SKIP

【答案】D

【分析】因为索引文件已打开并起作用，则基本工资相同的记录会连续排列在一起，通过 SEEK 命令可先查找定位在第 1 个满足条件的记录上，再由 SKIP 移到下一条记录。

16．ABC.dbf 是一个具有两个备注型字段的数据表文件，打开该表后，使用 COPY　TO ABC1 命令进行复制操作，其结果将（　　）。

　　A．得到一个数据表文件

　　B．得到一个新的数据表文件和一个新的表备注文件

　　C．得到一个新的数据表文件和两个新的表备注文件

　　D．显示出错信息，表明不能复制具有备注型字段的数据表文件

【答案】B

【分析】在数据表中无论有一个还是多个备注型字段或通用型字段，均存放在一个与表文件同名的备注文件中。

17．假设当前数据表文件有 20 条记录，当前记录号是 10。执行命令 LIST REST 以后，当前记录号是（　　）。

　　A．10　　　　　　B．20　　　　　　C．21　　　　　　D．1

【答案】C

【分析】因为执行命令 LIST　REST 后，记录指针已经移到文件尾，即 EOF()=.T.，这时的记录号为总的记录数加 1。

18．要将当前表中的记录保存到一个扩展名为.txt 的文本文件，应当使用的命令是（　　）。

　　A．MODIFY COMMAND　　　　　　　B．COPY FILE TO

　　C．APPEND FROM　　　　　　　　　D．COPY TO

【答案】D

【分析】A 是程序文件的修改命令；B 是文件复制命令，要求当前表必须先关闭才能复制；C 是在当前表中批量追加记录命令；只有 D 是正确的，但需要在 COPY TO 后面加上文

件名及 TYPE SDF 选项。

19．在命令中默认范围和 FOR 短语时，默认 ALL 的命令是（　　　）。

  A．DISPLAY　　　　　　　　　　　　B．COUNT

  C．RECALL　　　　　　　　　　　　　D．REPLACE

【答案】B

【分析】DISPLAY、RECALL 和 REPLACE 默认都是当前记录，而 COUNT 默认是所有记录。

20．设表中有一个字符型字段"姓名"，打开表文件后，要把内存变量"姓名"的字符串内容输入到当前记录的"姓名"字段，应当使用命令（　　　）。

  A．姓名=姓名　　　　　　　　　　　B．REPLACE 姓名 WITH M.姓名

  C．REPLACE 姓名 WITH 姓名　　　　D．REPLACE ALL 姓名 WITH M→姓名

【答案】B

【分析】表内容不能通过赋值语句修改，所以 A 不正确；C 是"姓名"字段被自己替换，也不正确；D 是表的所有记录的"姓名"字段被内存变量替换，不正确；只有 B 符合题目要求。

第 3 章　数据库的建立与操作

3.1　判断题

1．关系数据库是关系数据表的集合。

【答案】√

2．数据库文件和数据库备注文件的扩展名分别是.dbc 和.dct。

【答案】√

3．一个表文件在同一时间内可以属于多个数据库。

【答案】×

【分析】一个表文件在同一时间内只能属于一个数据库，如果需要将一个属于其他数据库的表添加到当前数据库中，必须先将该表移出原来所属的数据库。

4．如果一个数据库处于打开状态，则这时创建的所有表均自动添加到打开的数据库中。

【答案】√

5．数据库表与自由表之间可以相互转换。

【答案】√

【分析】数据库表与自由表可以相互转换，但当数据库表转换成自由表时，一些属于数据库表的特性将被删除。

6．工作区是 Visual FoxPro 在磁盘上开辟的临时区域，在多个工作区中，可以同时打开多个具有独立记录指针的表文件。

【答案】×

【分析】工作区是在内存中开辟的临时区域，而不是在磁盘上开辟的临时区域。

7．一个工作区在同一时间只能打开一张表，而一张表可以在同一时间在不同工作区打开。

【答案】√

【分析】一个表文件可以在多个工作区打开，但打开时应使用带 AGAIN 子句的 USE 命令。

8．当使用 SELECT 0 时，所选择的工作区号可能为 3 号工作区。

【答案】√

【分析】SELECT 0 是选择系统中当前可用的最小号工作区。

9．在 Visual FoxPro 中，每个工作区都有两个别名，一个是系统指定的，一个是用户自定义的。

【答案】√

【分析】系统指定的别名是 A，B，C，…，J，W11，W12，…，W32767；用户自定义的别名是表名或使用 ALIAS 子句指定的别名。

10．数据库表间的永久关联，既可以在数据库设计器中建立，也可以使用 SET RELATION

命令来建立。

【答案】×

【分析】SET RELATION 命令建立的是表的临时关联。

11．建立永久关联的主要目的是使子表记录指针随着父表记录指针移动。

【答案】×

【分析】永久关联的主要目的是实现参照完整性，而临时关联的主要目的是使子表记录指针随着父表记录指针移动。

12．表文件的永久关联和临时关联只能在数据库表间建立，不能在自由表间建立。

【答案】×

【分析】永久关联只能在数据库表间建立；而临时关联既可以在自由表间建立，也可以在数据库表间建立。

13．数据库的参照完整性规则可以确保数据库中数据的有效性和一致性，但是前提是表与表之间必须建立永久关联或临时关联。

【答案】×

【分析】数据库建立参照完整性的前提是先要在表间建立永久关联，与临时关联没有关系。

14．数据库的参照完整性是指一个表中主关键字的取值必须是确定的、唯一的。

【答案】×

【分析】数据库的参照完整性是指确保数据库中数据的有效性和一致性，实体完整性是指表中主关键字的取值必须是确定的、唯一的。

15．要实现数据库中两个表文件之间的数据关联，必须在两个表之间提供公共的字段，即一个表的主关键字与另一个表的外部关键字，且要以相同的数据类型匹配。

【答案】√

16．"SELECT 职工"命令与"SELECT 姓名 FROM 职工"命令，是同一个 SELECT 语句的不同用法。

【答案】×

【分析】前者是选择"职工"工作区，是 Visual FoxPro 的命令；后者从"职工"表中查询字段，是数据库系统通用的 SQL 语句。

17．SELECT 语句只能查询数据库表，不能查询自由表。

【答案】×

【分析】SELECT 语句可以查询数据库表和自由表。

3.2　选择题

1．每一个表应该包含一个或一组字段，这些字段是表中所保存的每一条记录的唯一标识，此信息称为表的（　　）。

　　A．主关键字　　　B．候选关键字　　　C．复合关键字　　　D．外部关键字

【答案】A

2．在 Visual FoxPro 的数据库设计器中能建立两个表之间的关联，这种关联是（　　）。

　　A．永久关联　　　　　　　　　B．永久关联或临时关联

　　C．临时关联　　　　　　　　　D．永久关联和临时关联

【答案】A

【分析】在数据库设计器中可能建立永久关联，临时关联可以在数据工作期、数据环境中建立或使用 SET RELATION 命令建立。

3. 在 Visual FoxPro 中，当某字段定义为主索引字段（即主关键字）时，该字段输入时
　　（　　）。
　　A. 不能出现重复值和空值　　　　B. 能出现重复值和空值
　　C. 能出现重复值，不能出现空值　D. 能出现空值，不能出现重复值

【答案】A

4. 命令 SELECT 0 的功能是（　　）。
　　A. 选中最小工作区号　　　　　　B. 选择最近使用的工作区
　　C. 选中当前未使用的最小工作区号　D. 选择当前工作区

【答案】C

【分析】SELECT <工作区号>用于选择工作区，而 SELECT 0 则可以选中系统当前尚未使用的最小工作区号的工作区。

5. 在 Visual FoxPro 中，关于自由表的叙述正确的是（　　）。
　　A. 自由表和数据库表是完全相同的　B. 自由表不能建立字段级规则和约束
　　C. 自由表不能建立临时关联　　　　D. 自由表不可以加入到数据库中

【答案】B

【分析】数据库表是属于某个数据库的表，自由表则是不属于任何数据库的表，数据库表允许长表名、长字段名，可以建立字段级和记录级规则，而自由表不可以。

6. 设置参照完整性时，要求两个表（　　）。
　　A. 是同一个数据库中的两个表　　B. 是不同数据库中的两个表
　　C. 是两个自由表　　　　　　　　D. 一个是数据库表，另一个是自由表

【答案】A

【分析】设置参照完整性的前提是建立永久关联，而要建立永久关联必须两个表属于同一数据库。

7. 永久关联建立后（　　）。
　　A. 在数据库关闭后自动取消　　　B. 若不删除将长期保存
　　C. 无法删除　　　　　　　　　　D. 只供本次运行使用

【答案】B

【分析】永久关联是数据库表之间的关系，建立后会长期存在，直到被删除。

8. 下列关于定义参照完整性的说法中，错误的是（　　）。
　　A. 只有在建立两个表的永久性关联的基础上，才能建立参照完整性
　　B. 建立参照完整性必须在数据库设计器中进行
　　C. 建立参照完整性之后，就不能向子表中添加数据
　　D. 建立参照完整性之前，首先要清理数据库

【答案】D

9. Visual FoxPro 中的索引有（　　）。
　　A. 主索引、候选索引、普通索引、视图索引

    B．主索引、次索引、唯一索引、普通索引

    C．主索引、次索引、候选索引、普通索引

    D．主索引、候选索引、唯一索引、普通索引

【答案】D

10．唯一索引的"唯一性"指的是（　　　）。

    A．字段值的"唯一"　　　　　　　　B．索引项的"唯一"

    C．表达式的"唯一"　　　　　　　　D．列属性的"唯一"

【答案】A

11．下列叙述中，错误的是（　　　）。

    A．一个表可以有多个外部关键字

    B．数据库表可以设置记录级的有效性规则

    C．永久关联建立后，子表记录指针将随着父表记录指针相应移动

    D．对于临时关联，一个子表不允许有多个主表

【答案】C

【分析】子表记录指针将随着父表记录指针相应移动是临时关联的功能。

12．在 Visual FoxPro 中参照完整性规则不包括（　　　）。

    A．更新规则　　　B．删除规则　　　　　C．查询规则　　　　　D．插入规则

【答案】C

13．SELECT * FROM 职工，这一语句的意义是（　　　）。

    A．从职工表中检索所有的记录　　　B．从职工表中检索所有带"*"的记录

    C．从职工表中检索所有带"*"的字段　D．从职工表中检索所有的字段

【答案】A

【分析】SELECT 语句中的"*"表示全部字段，而语句的功能是显示"职工"表中的所有记录。

14．以下关于 SQL 查询的描述正确的是（　　　）。

    A．不能根据自由表建立查询　　　　B．只能根据自由表建立查询

    C．只能根据数据库表建立查询　　　D．可以根据数据库表和自由表建立查询

【答案】D

15．下列 SQL 语句中，能对职工表中的记录按基本工资进行排序显示的语句是（　　　）。

    A．SELECT * FROM 职工 SORT TO 基本工资

    B．SELECT * FROM 职工 ORDER BY 基本工资

    C．SELECT * FROM 职工 GROUP BY 基本工资

    D．SELECT * FROM 职工 COUNT 基本工资

【答案】B

16．若职工表的主关键字是职工号，则下列操作不能执行的是（　　　）。

    A．向表中添加职工号为"199805"、姓名为"王芳"的记录

    B．删除表中职工号为"199804"的记录

    C．将表中的职工号"199801"改为"199701"

　　D．将表中职工号为"200001"的职工姓名改为"张小军"

【答案】C

【分析】职工号为主关键字，不允许出现相同的职工号，由于"199701"职工号已经存在，因此不允许把"199801"改成"199701"。

17．SQL 查询命令的基本结构是（　　　）。

　　A．SELECT – FROM – ORDER BY　　　B．SELECT – WHERE – GROUP BY

　　C．SELECT – FROM – HAVING　　　　　D．SELECT – FROM – WHERE

【答案】D

18．在 SQL 语句中，与表达式"基本工资 BETWEEN 1500 AND 2000"功能相同的表达式是（　　　）。

　　A．基本工资>1500 AND 基本工资<2000

　　B．基本工资>=1500 AND 基本工资=<2000

　　C．基本工资>=1500 OR 基本工资=<2000

　　D．基本工资>1500 OR 基本工资<2000

【答案】B

【分析】BETWEEN…AND…表示包含在两者之间，则 B 的表达式是正确的。

19．在 SQL 语句中，与表达式"姓名 LIKE '李%'"功能相同的表达式是（　　　）。

　　A．LEFT（姓名，1）= "李"　　　　　　　B．LEFT（姓名，2）= "李"

　　C．"李" $ 姓名　　　　　　　　　　　　D．AT（"李"，姓名）<>0

【答案】B

【分析】表达式"姓名 LIKE'李%' "的功能是姓名以"李"字开头，而 LEFT（姓名，2）也是截取姓名左边两位为"李"。

20．在 Visual FoxPro 的数据库设计器中建立表之间的永久关联，其父表必须建立（　　　）类型的索引。

　　A．主索引　　　　B．候选索引　　　　　C．唯一索引　　　　　D．普通索引

【答案】A

【分析】建立永久关联时，父表必须建立主索引，而子表可以建立主索引或普通索引，子表建立主索引时，永久关联是"一对一"的，子表建立普通索引时，永久关联是"一对多"的。

3.3　操作题

1．在"营销"数据库中，为"商品"表和"销售"表建立一对多的永久关联，并设置参照完整性规则为"限制"。

【操作提示】操作步骤如下：

① 在"数据库设计器"中，右键单击"商品"表选择"修改"项，在弹出的"表设计器"的"索引"选项卡中以"商品号"为索引表达式建立主索引；同样为"销售"表以"商品号"为索引表达式建立普通索引。

② 在"数据库设计器"中，拖动鼠标，将"商品"表的主索引"商品号"字段拖至"销

售"表的普通索引"商品号"字段，此时在两个索引之间显示一条连线，表示建立了"一对多"的关联。

③ 选择"数据库"菜单的"清理数据库"项。

④ 用鼠标单击连线，使连线变粗，再单击右键，在快捷菜单上选择"编辑参照完整性"选项，在对话框中先选择下方的"商品"与"销售"关系，再分别在"更新规则"、"删除规则"和"插入规则"中选择"限制"选项。注意：在设置规则的过程中注意下方列表中的变化。

2. 分别使用"数据工作期"和 SET RELATION 命令建立"商品"表与"销售"表的临时关联，并观察建立临时关联前后，两表记录指针之间的变化。

【操作提示】在"数据工作期"中建立临时关联的步骤如下：

① 在"数据工作期"窗口中分别打开"商品"表和"销售"表。

② 在"别名"列表框中选择"商品"选项，单击"关系"按钮后，在"关系"列表框中出现"商品"选项，下方还有一条折线。

③ 选择"别名"列表框中的"销售"表，弹出"设置索引顺序"对话框，选择"销售.职工号"后单击"确定"按钮。

④ 在"表达式生成器"对话框中，选择"字段"列表框中的"职工号"选项，单击"确定"按钮完成设置，临时关联如图 3-11 所示。在右边的"关系"列表框中，上面一行表示父表，下面一行表示子表，中间的折线表示两表的临时关联。

以命令方式建立临时关联，在命令窗口中输入以下命令：

```
USE 商品 IN 1
USE 销售 IN 2
SELECT 销售
INDEX ON 商品号 TAG 商品号
SET ORDER TO TAG 商品号
SELECT 职工
SET RELATION TO 商品号 INTO 销售
```

3. 使用 SELECT 语句查询所有职工的职工号、姓名、所有商品的商品号、名称和销售数量。

【操作提示】使用以下 SQL 语句：

```
SELECT 职工.职工号，姓名，商品.商品号，商品名称，销售数量；
    FROM 职工，商品，销售；
    WHERE 职工.职工号=销售.职工号 AND 商品.商品号=销售.商品号
```

第 4 章　结构化程序设计

4.1　判断题

1．在 Visual FoxPro 中，命令文件的扩展名为.fxp。

【答案】×

【分析】Visual FoxPro 命令文件的扩展名为.prg，.fxp 是执行程序时自动编译生成的目标文件扩展名。

2．结构化程序设计的三种基本结构是选择、分支和循环。

【答案】×

【分析】结构化程序设计的三种基本结构是顺序、选择（或称分支）和循环。

3．在 Visual FoxPro 的分支或循环语句中的条件表达式就是逻辑表达式。

【答案】×

【分析】分支或循环语句中的条件表达式的结果应该为逻辑值，而表达式一般分为数值表达式、字符表达式、日期表达式、逻辑表达式和关系表达式，其中逻辑表达式和关系表达式的结果都是逻辑值，所以分支或循环语句中的条件表达式可以是逻辑表达式或关系表达式。

4．在多分支 DO CASE 语句中，必须有一个条件表达式成立。

【答案】×

【分析】当 DO CASE 语句中所有条件都不满足时，执行 OTHERWISE 下的语句序列；如果没有 OTHERWISE，则跳过多分支 DO CASE 语句，执行 ENDCASE 后面的语句。

5．EXIT 和 LOOP 语句一定出现在循环中。

【答案】√

【分析】EXIT 语句的功能是用于结束当前循环操作，跳到循环结束语句的后面；LOOP 语句的功能是用于跨过 LOOP 后面的语句，直接回到循环起始语句。根据它们的功能就知道这两个语句一定出现在循环体中。

6．SCAN-ENDSCAN 循环结构具有自动移动记录指针的功能。

【答案】√

【分析】SCAN-ENDSCAN 循环结构的功能是对当前打开的表文件在指定范围、满足条件的记录中进行自上而下逐个扫描操作，逐个扫描就具有自动移动记录指针的功能。

7．在 FOR 循环语句中，ENDFOR 是不可缺少的。

【答案】√

【分析】Visual FoxPro 的分支和循环结构语句都是配对出现的，FOR 和 ENDFOR 是一对。

8．在 FOR 循环语句中，STEP 步长可以是小数。

【答案】√

【分析】根据说明，FOR 循环的初值、终值和步长均为一个数值表达式，其值可为正数、负数或小数。

9．程序中出现多种嵌套结构时，嵌套只能包含，不得交叉。

【答案】✓

【分析】对于任何结构的嵌套，都要注意两点，一是嵌套不能交叉，二是语句是配对出现的，不能忘记各种结构的结束语句，否则，嵌套交叉后逻辑关系就乱了。

10．过程是一段独立的程序段，而过程文件则是存放过程的文件。

【答案】✓

【分析】根据过程文件及过程的定义：过程文件是存放若干子程序的文件，可以理解为若干子程序的打包。存放在过程文件中的子程序不再称为子程序而称为过程，子程序是一段独立的程序段。

11．过程文件与其中的过程都使用同一个名称。

【答案】×

【分析】每个过程文件有一个名称，其文件类型是.prg，过程文件中的每个过程都有自己的过程名，一般用 "PROCEDURE 过程名" 来定义。

12．PUBLIC 定义的变量是局部变量。

【答案】×

【分析】PUBLIC 定义的变量是全局变量，具有公共属性；而局部变量有三种属性，即自然属性、私有属性和本地属性。

13．在自定义函数调用时，在传递参数变量前加 "@" 则为传值的方式。

【答案】×

【分析】自定义函数的参数传递既可以用传值的方式，也可以用引用的方式。默认是传值的方式。如果在传递参数变量前加 "@" 则为引用的方式。

14．调用过程和调用自定义函数方法完全相同。

【答案】×

【分析】调用过程用 DO 命令，自定义函数虽然是一个子程序，但是不能用 DO 命令调用，而只能像系统函数一样用输出语句（?，??）输出或出现在表达式中。

15．自定义函数中只有一种方法传递回结果：RETURN <表达式>。

【答案】×

【分析】自定义函数除了可以用 RETURN <表达式>传递回结果外，还可以用引用的方式通过函数自变量将结果传递回来。

4.2　选择题

1．下面能输入数值型数据的命令是（　　　）。

　　　A．INPUT　　　　　B．ACCEPT　　　　　C．WAIT　　　　　D．以上都可以

【答案】A

【分析】INPUT 从键盘输入数据的类型可以是除备注型和通用型外的所有类型；ACCEPT 从键盘输入的数据系统认定是字符型数据；WAIT 从键盘只能输入单个字符。

2. 不属于程序控制三种基本结构的是（　　　）。

　　A．选择　　　　　B．循环　　　　　C．顺序　　　　　D．嵌套

【答案】D

【分析】在结构化程序设计中，任何复杂的程序都是由顺序、选择和循环三种基本结构组成的。

3. 在文件名中与数据库表文件不相关的扩展名是（　　　）。

　　A．.fxp　　　　　B．.fpt　　　　　C．.idx　　　　　D．.cdx

【答案】A

【分析】.fxp 是执行程序时自动编译生成的目标文件，与数据库表文件不相关；.fpt 是数据库表文件的备注文件；.idx 是数据库表文件的单项索引文件；.cdx 是数据库表文件的复合索引文件。

4. 要判断数值型变量 X 是否能被 6 整除，错误的条件表达式是（　　　）。

　　A．MOD (X, 6) = 0　　　　　　　　B．INT (X/6) = X/6

　　C．X % 6 = 0　　　　　　　　　　　D．INT (X/6) = MOD (X, 6)

【答案】D

【分析】MOD（X, 6）是取模函数，得到的结果是 X/6 的余数，INT（X/6）是舍末取整函数，得到的结果是 X/6 的整数；X % 6 是取模运算，得到的结果是 X/6 的余数。显然当 X/6 的余数为 0 时表示 X 能被 6 整数，或者当 X/6 取整的结果等于 X/6 时，也表示 X 能被 6 整数。

5. 下列语句中不能出现 LOOP 和 EXIT 语句的程序结构是（　　　）。

　　A．FOR-ENDFOR　　　　　　　　B．DO WHILE-ENDDO

　　C．IF-ELSE – ENDIF　　　　　　　D．SCAN-ENDSCAN

【答案】C

【分析】EXIT 语句用于结束当前循环操作；LOOP 语句用于中止本次循环，回到循环起始语句。所以 LOOP 和 EXIT 语句不能出现在分支结构 IF-ELSE-ENDIF 中。

6. 在执行循环语句时，可利用下列（　　　）语句跳出循环体。

　　A．LOOP　　　　　B．SKIP　　　　　C．EXIT　　　　　D．END

【答案】C

【分析】EXIT 语句用于结束当前循环操作，跳出所在的循环体。而 LOOP 语句是回到循环起始；SKIP 语句是下移一条记录指针；没有单独的 END 命令。

7. 由 FOR I = 1 TO 10 STEP – 1 结构控制的循环将执行（　　　）次。

　　A．10　　　　　B．1　　　　　C．出错　　　　　D．0

【答案】D

【分析】FOR – ENDFOR 循环从循环变量的初值开始，重复执行循环体内的语句序列，直到循环变量的终值结束。但开始时要检查是否能进入循环，即检查循环初值、终值和步长，如果循环步长为负数，则循环初值要大于循环终值才能进入循环体。

8. 由 FOR I = 1 TO 10 结构控制的循环正常结束（不是中途退出）时，循环变量 I 的值为（　　　）。

　　A．10　　　　　B．1　　　　　C．11　　　　　D．0

【答案】C

【分析】当正常结束 FOR 循环时，如果步长是正数，则循环变量 I 的值刚好大于循环变量终值，即退出循环后，循环变量 I=循环变量终值+步长。

9．以下不属于循环控制结构的是（　　）。

    A．DO WHILE-ENDDO   B．WITH-ENDWITH

    C．FOR-ENDFOR   C．SCAN-ENDSCAN

【答案】B

【分析】WITH-ENDWITH 是面向对象程序设计中设置对象多个属性的结构。DO WHILE-ENDDO 是条件循环结构；FOR-ENDFOR 是循环次数确定的循环结构；SCAN-ENDSCAN 是实现表循环的循环结构。

10．在 DO WHILE-ENDDO 循环中，若循环条件设置为.T.，则下列说法正确的是（　　）。

    A．程序无法跳出循环   B．程序不会出现死循环

    C．用 EXIT 可跳出循环   D．用 LOOP 可跳出循环

【答案】C

【分析】这种循环一定要在循环体中使用 EXIT 语句，不然有可能是死循环。

11．以下程序之间的参数传递语句中，能够实现引用方式的是（　　）。

    A．DO CH4-1 WITH A   B．DO CH4-1 WITH (A)

    C．DO CH4-1 WITH A+B   D．DO CH4-1 WITH 200

【答案】A

【分析】当 WITH 后的<实际参数列表>中是单个内存变量时，其值传给 PARAMETERS 中的对应参数后，在子程序中这些实际参数被隐含起来，但其值会随着对应参数值的变化而变化，这种传递方式称为引用。如果 WITH 后的<实际参数列表>是运算符连接的表达式或单个内存变量用圆括号括起来时，则值仅传给 PARAMETERS 中对应的形式参数，它们在子程序中不被隐含，这种传递方式称为传值。显然，如果 WITH 后带的是常量，也只能是传值。

12．设变量 A，B 已经被赋值，以下对自定义函数 AREA(X, Y)的调用方法错误的是（　　）。

    A．? AREA (A，B)   B．DO AREA (A，B)

    C．M=AREA (A，B)   D．REPLACE Q WIYH AREA(A，B)

【答案】B

【分析】自定义函数虽然是一个子程序，但是不能用 DO 命令调用，而只能像系统函数一样用输出语句（?，??）输出或出现在表达式中。

13．用户在自定义函数或过程中接受参数，应使用（　　）命令。

    A．PROCEDURE   B．FUNCTION

    C．WITH   D．PARAMETERS

【答案】D

【分析】PARAMETERS 是接受参数语句。而 PROCEDURE 用于标识过程文件中的过程；FUNCTION 用于标识自定义函数；WITH 是 DO 命令中的短语项，带参数调用程序。

14．用户自定义的函数或过程可以存放在（　　　）。

  A．独立的程序文件或过程文件中　　　B．数据库文件中

  C．数据表文件中　　　　　　　　　　D．以上都可以

【答案】A

【分析】数据库文件和数据表文件用于存放原始数据，不能用于存放程序。程序应当存放在文件类型为.prg 的独立程序文件或过程文件中。

15．在命令窗口赋值的内存变量默认的作用域是（　　　）。

  A．全局　　　　　B．局部　　　　　C．系统　　　　　D．不一定

【答案】B

【分析】在程序的一定范围内起作用的变量称为局部变量，在程序运行结束后，局部变量被释放。局部变量有 3 种属性，即自然属性、私有属性和本地属性，通过赋值、计算等语句得到的变量都是自然属性的局部变量。全局变量要用 PUBLIC 命令定义；系统内存变量是 Visual FoxPro 自动创建并维护的内存变量，用来保持系统固有信息。

4.3　程序填空题

阅读下列程序的说明及其程序，在每小题提供的若干可选答案中，挑选一个正确答案。

1．从键盘输入 N 个自然数（N 由键盘输入确定），去掉一个最大数，去掉一个最小数，然后求平均值。

```
①   SET TALK OFF
②   CLEAR
③   INPUT "N=" TO N
④   INPUT "A=" TO A
⑤   STORE A TO X,Y
⑥   ---(1)---
⑦   P=N-2
⑧   ----(2)----
⑨       INPUT "B=" TO B
⑩       S=S+B
⑪       ---(3)----
⑫       X=B
⑬       ENDIF
⑭       -------(4)-----
⑮        Y=B
⑯       ENDIF
⑰   ENDFOR
⑱   ----(5)----
⑲   ?R/P
⑳   SET TALK ON
```

（1）A．S=A　　　　B．S=0　　　　C．S=N　　　　D．I=1

（2）A. FOR I=1 TO N   B. FOR I=2 TO N

      C. DO WHILE I<= N   D. FOR I=1   TO A

（3）A. IF   X<B   B. IF X<Y   C. IF Y>B   D. IF Y<X

（4）A. IF   X<B   B. IF X<Y   C. IF Y>B   D. IF Y<X

（5）A. R=S   B. R=S–A–B   C. R=S–N–A   D. R=S–X–Y

【答案】（1）A   （2）B   （3）A   （4）C   （5）D

【分析】对于程序填空的题目该如何着手呢？第一步一般是先按从里到外的顺序把程序的结构勾画出来（能用笔勾画更好）；第二步找出程序的输入/输出变量和其他变量，知道每个变量的作用；第三步根据程序的功能推断出每个空格要填的语句。注意，填空时不一定要按顺序，有时某个空可能就是一个分支结构或循环结构的结尾，那就可以先填上。

为了便于分析说明，我们给本题的每个语句加了编号，同学们做的时候是不需要的。

本题中第 11 句与第 13 句可能是一对 IF-ENDIF 语句，第 14 句与第 16 句可能是一对 IF-ENDIF 语句，第 8 句与第 17 句可能是一对 FOR-ENDFOR 语句，为什么不是第 6 句与第 17 句呢？这是因为循环体中有一句 S=S+B，而 S 又没有赋初值，赋初值一般在循环外面，所以第 6 句应该是给 S 赋初值。

接下来找程序的输入/输出变量和其他变量。输入变量有 N，A，根据题目的功能，N 是个数，A 是第一次输入的自然数。输出是 R/P，P=N–2，R 前面还没有出现，应该在一个填空里。再看 X，Y，是用于放所有数里的最大、最小数的，它们的初值是 A。S 放所有数的和。

空（1）给 S 赋初值，初值应该是 A，即输入的第一个数要加进来。所以选答案 A。

空（2）显然是 FOR 循环，要求输入 N 个数，已经输入一个数了，所以循环从 2 到 N，选答案 B。

空（3）是把输入的第二个数 B 与 X 比较，只有答案 A 是 B 与 X 比较，所以选 A，从这个答案我们知道，X 用于装最大数。即如果 B 大于 X，B 就把原来的 X 替换掉。

空（4）与空（3）类似，是把输入的第二个数 B 与 Y 比较，如果 B 小于 Y，则替换。所以 Y 用于装最小数。选答案 C。

空（5）显然是计算 R，根据题目的要求：去掉一个最大数，去掉一个最小数，然后求平均值，所以 R=S–X–Y。选答案 D。

2. 输入商品号，显示该商品号的所有销售记录；若用户输入空字符串或空格字符串，则系统要求用户重新输入；当用户输入字符串"000"时，则结束查询。

```
SET TALK OFF
USE 销售
----(1)---
ACCEPT "请输入商品号=" TO SPH
IF  ----(2)---
  LOOP
ENDIF
IF ALLTRIM(SPH)="000"
  ---(3)---
```

```
    ENDIF
    LOCATE FOR 商品号=ALLTRIM(SPH)
    IF FOUND()
      DO WHILE !EOF()
        DISPLAY
        ---(4)---
      ENDDO
    ENDIF
    ENDDO
    USE
    SET TALK ON
```

(1) A. DO WHILE T　　　　　　　　　B. DO WHILE EOF()

　　 C. FOR I=1 TO RECC()　　　　　　D. DO WHILE .T.

(2) A. ALLTRIM(SPH)=0　　　　　　　B. LEN(STR(SPH))=0

　　 C. LEN(ALLTRIM(SPH))=0　　　　　D. ALLTRIM(SPH)="0"

(3) A. LOOP　　　　B. EXIT　　　　　C. SKIP −1　　　　D. SKIP 100

(4) A. CONTINUE　B. SKIP　　　　　C. SKIP −1　　　　D. GO N

【答案】(1) D　　　(2) C　　　(3) B　　　(4) A

【分析】本题有 3 对 IF-ENDIF 结构，它们是平行的关系，两对 DO WHILE-ENDDO 结构，是嵌套的关系。根据与 ENDDO 的配对关系，空（1）要填 DO WHILE 语句，循环条件是什么呢？根据题意：当用户输入字符串"000"时，则结束查询。输入其他数据则能反复查询，所以是一个永真循环，循环条件为.T.，空（1）选择答案 D。

本题变量不多，只有变量 SPH，用于存放输入的商品号。用 DISPLAY 命令输出满足条件的记录。空（2），若用户输入空字符串或空格字符串，则系统要求用户重新输入，怎样判断呢？如果该字符串去掉前后空格后长度为 0，则输入的是空字符串或空格字符串。所以选答案 C。空（3），是指当用户输入字符串"000"时，则结束查询，所以用 EXIT 退出循环，选答案 B。空（4），在 DO WHILE !EOF()语句前有查找语句 LOCATE FOR 商品号=ALLTRIM(SPH)，如果找到，则把所有满足条件的记录显示出来，只有 CONTINUE 语句才能配合 LOCATE 命令在表的剩余部分寻找其他满足条件的记录，所以选答案 A。

3. 显示指定表中的全部字段名，并由用户输入显示表信息的条件，最后列表显示满足条件的记录。

```
    SET TALK OFF
    CLEAR
    DO WHILE .T.
      ACCEPT "请输入表名（扩展名略）: " TO WJM
      IF  -----(1)----
        USE (WJM)
      ELSE
        WAIT "指定的表不存在! " TIMEOUT 5
        LOOP
      ENDIF
```

```
      ?" 表中的全部字段名列表:"
      FOR N=1 TO ----(2)----
        ?FIELD(N)
      ----(3)---
      ACCEPT "请输入显示表信息的条件表达式: " TO EXPR
      ----(4)---
      WAIT "是否还要显示其他表文件中的内容? Y/N:" TO YN
      IF UPPER(YN)!="Y"
        ---(5)---
      ENDIF
    ENDDO
    USE
    SET TALK ON
```

（1）A. FILE(WJM)　　　　　　　　　B. FILE()

　　　C. FILE(&WJM)　　　　　　　　 D. FILE(WJM+ ".DBF")

（2）A. 5　　　　　　B. FCOUNT()　　　C. RECNO()　　　 D. RECCOUNT()

（3）A. ENDDO　　　 B. ENDIF　　　　 C. ENDFOR　　　 D. RETURN

（4）A. LIST FOR EXPR　　　　　　　 B. LIST FOR WJM

　　　C. DISPLAY FOR &EXPR　　　　　D. DISPLAY ALL

（5）A. EXIT　　　　　B. LOOP　　　　 C. ENDIF　　　 D. ENDDO

【答案】（1）D　　（2）B　　（3）C　　（4）C　　（5）A

【分析】本程序是双循环嵌套结构，即永真循环里嵌套了一个 FOR-ENDFOR 循环，还嵌套了两个 IF-ENDIF 结构，两个 IF-ENDIF 结构是平行的关系。

FOR-ENDFOR 用于显示表中的全部字段名，已知 N 的初值是 1，那么终值则是表的字段数，即 FCOUNT()，所以空（2）选择答案 B；另外 FOR-ENDFOR 循环缺 ENDFOR，所以空（3）应该填 ENDFOR，选择答案 C，为什么不是空（4）填 ENDFOR 呢？因为此循环就是显示表中的全部字段名，循环体里已经有命令?FIELD（N）显示第 N 个字段名了，所以空（3）应该填 ENDFOR。

程序的输入变量有 WJM，EXPR 和 YN，它们分别存放输入的表名（不含扩展名）、输入的显示表信息的条件以及是否继续的标志。输出是指定表文件的字段名和满足条件的记录。再看空（1），IF 的条件应该是若输入的文件存在，则打开文件，测试文件是否存在用函数 FILE()，而测试的字符串必须包含扩展名，所以空（1）填 FILE（WJM+ ".DBF"），注意，变量 WJM 的内容才是表的名字，所以打开文件要用名函数，即 USE（WJM）。

空（4）用于显示满足条件的记录，而条件是放在变量 EXPR 里的，应该把 EXPR 的内容作为显示的条件，所以要用到宏函数&或者值函数 EVALUATE()，这里答案是 C。

空（5）是指输入的继续标志 YN 不等于 Y 时，做什么？显然是退出，所以填 EXIT。

4. 程序的功能是：根据输入的正整数，计算不大于该数的所有奇数的累加和。

```
    SET TALK OFF
    CLEAR
    YN="Y"
```

```
DO WHILE UPPER(YN)="Y"
    INPUT "请输入两位以内的正整数: " TO N
    STORE 0 TO X,Y
    Z="0"
    DO WHILE X<N
      X=X+1
      IF INT(X/2)= ----(1)----
        ----(2)----
      ELSE
        Z=Z+"+"+STR(X,2)
        ----(3)----
      ENDIF
    ENDDO
    ? "&Z="+STR(Y,4)
    WAIT "继续计算? (Y/N)" TO YN
ENDDO
SET TALK ON
```

（1）A. X   B. X/2   C. N/2   D. N
（2）A. EXIT   B. Y=Y+X   C. LOOP   D. N=N−1
（3）A. Y=Y+2   B. LOOP   C. EXIT   D. Y=Y+X

【答案】（1）B   （2）C   （3）D

【分析】本程序是两个 DO WHILE-ENDDO 的循环嵌套结构，内循环中还用了 IF-ENDIF 结构判定奇偶数。外循环根据用户的选择继续或退出。

程序的输入变量有 N 和 YN，分别存放输入的正整数和是否继续的标志。输出变量有 Z 和 Y，分别是所有奇数构成的字符串和所有奇数的累加和。还有循环变量 X，从 1 变化到 N。

先看空（1），用于判定 X 是否是偶数，所以填 X/2。空（2）是指在 X 为偶数时做什么？根据题目的意思，偶数不做处理，所以结束本次循环，处理下一个 X，所以填 LOOP。空（3）是进行奇数的累加，我们已经知道输出有 Z 和 Y，而 Y 只赋了初值 0，没有进行累加，所以本空对奇数进行累加，填 Y=Y+X。

5. 计算 3 至 M 中有多少个素数（只能被 1 或自身整除的奇数自然数称为素数）。

```
SET TALK OFF
CLEAR
INPUT "M=" TO M
S=0
---(1)---
    IF SS(I)
      S=S+1
      ??STR(I,5)
    ENDIF
ENDFOR
?STR(S,5)
SET TALK ON
```

```
FUNCTION SS
----(2)---
FOR J=2 TO X-1
   ---- (3)----
    EXIT
   ENDIF
ENDFOR
IF J=X
RETU .T.
ELSE
  ----(4)---
ENDIF
ENDFUNCTION
```

（1）A．FOR I=3 TO M–1　　　　　　　　B．FOR I=M TO 3 STEP –1

　　　C．DO WHILE I<= M　　　　　　　　D．FOR I=3 TO INT(M/2)

（2）A．X=I　　　　　　　　　　　　　　B．PUBLIC X

　　　C．PRIVATE X　　　　　　　　　　　D．PARAMETERS　X

（3）A．IF　INT(X/J)=X/J　　　　　　　B．IF INT(X/J)

　　　C．IF X%J=X/J　　　　　　　　　　D．IF J%X=0

（4）A．RETURN　　　B．RETURN .F.　　　C．QUIT　　　　　　D．RETURN X

【答案】（1）B　　　（2）D　　　（3）A　　　（4）B

【分析】本程序前面一段是主程序（SET TALK OFF～SET TALK ON），后面一段是一个自定义函数（FUNCTION SS～ENDFUNCTION），自定义函数的名称为 SS。主程序是 FOR 循环里套了一个 IF 分支，用于逐个检查 3 至 M 中有多少个素数，自定义函数有一个 FOR 循环，里面套了一个 IF 分支，循环外还有一个分支，用于判定给定的参数是否是素数，如果是素数则函数结果为.T.，如果不是素数则函数结果为.F.。那么怎样知道 X 是否是素数呢？就是根据素数定义，用 2 到 X–1 去除 X，只要有一个数能整除 X，就退出循环，X 不是素数。只有当没有一个数能整除 X 时，X 才是素数。

输入变量是 M，指定要检查数据的上限。输出变量 S，存放素数的个数，循环控制变量 I，控制主程序循环的次数，如果 I 是素数则输出 I。X 变量是自定义函数接受的参数，J 是自定义函数中的循环控制变量，J 从 2 变化到 X–1，逐个去除 X。

先看空（1），因为下面有一个 ENDFOR 语句，故要填 FOR 语句，根据题意：计算 3 至 M 中有多少个素数，循环变量是从 3 至 M，包括 M，所以选择答案 B。

空（2），根据自定义函数的结构，如果有参数，那么程序的第一个语句应该是接受参数，通过下面的程序，知道接受的参数是 X，所以选答案 D。

空（3），是自定义函数的返回结果，一种情况是 J=X，表示每次循环都做过，没有整除，X 是素数，返回结果.T.；另一种情况则为.F.，所以选答案 B。

空（4），是一个 X 能否被 J 整除的判断，所以选答案 A。

4.4 程序阅读题

1. 写出运行结果

```
SET TALK OFF
CLEAR
ACCEPT "请输入表名：" TO FNAME      &&输入：职工
USE (FNAME)
ZDSM=FCOUNT()
FOR I=1 TO ZDSM
   ?FIELD(I)
ENDFOR
SET TALK ON
```

【分析】

对于程序阅读题目，我们也建议先观察程序的结构，然后找出输入、输出变量，知道每个变量的大致作用。再按照程序运行的顺序进行阅读，把输入的数据代进变量中，阅读过程中可以适当做些标记，例如标记关键语句的功能、当前变量的值等。

本程序要清楚几个关键点，一是 USE（FNAME）表明打开指定的表文件；二是 FCOUNT() 函数返回的是表中字段的个数，决定了循环的次数；三是 FIELD(I) 函数返回的是第 I 个字段的名称。

【答案】

职工号
姓名
性别
婚否
出生日期
基本工资
部门
简历
照片

2. 写出运行结果

```
SET TALK OFF
CLEAR
X=.T.
Y=0
DO WHILE X
   Y=Y+1
   IF INT(Y/7)=Y/7
       ??Y
   ELSE
       LOOP
   ENDIF
```

```
        IF  Y>15
            X=.F.
        ENDIF
    ENDDO
    SET TALK ON
```

【分析】

本题 X 的初值为.T.，所以 DO WHILE 是一个永真循环，Y 的初值为零，在循环体内不断加 1，只有当 Y 的值能被 7 整除时才输出，不能被 7 整除则继续加 1，且不去判断 Y 是否大于 15。什么时候退出循环呢？只有出现第 1 个大于 15 且能被 7 整除的 Y 后，使 X 置.F.，才退出循环体。这里要注意 LOOP 的位置和作用。

【答案】

7　　14　　21

3．设输入的字符串 P 为"AHCHLIG"。

```
SET TALK OFF
CLEAR
ACCEPT "P=" TO P  &&
L=LEN(P)
C="!"-"!"
FOR I=1 TO L
    ZF=SUBSTR(P,I,1)
    IF ZF>="A" AND ZF<="T"
      ZF=CHR(ASC(ZF)+6)
    ENDIF
    C=ZF+C
ENDFOR
?C
SET TALK ON
```

【分析】

将键盘输入的字符串赋给 P，L 记录字符串的长度，循环从第 1 个位置起依次截取 P 的一个字符，如果该字符在 "A" 到 "T" 之间，则取该字符后移 6 个位置的字符，即将该字符的 ASCII 码加 6（如果截取的字符是 "A"，其 ASCII 码 65 加 6 则为 71，即字符 "G"）再转换成字符，并将该字符从左边连接到 C 串上。

【答案】

```
MORNING!!
```

4．设输入的数值 N 为 5。

```
SET TALK OFF
CLEAR
INPUT "N=" TO N
```

```
    P=N
    I=1
    DO WHILE N>0
      ?SPACE(I)
      P=N+I
      DO WHILE P>0
        ??"*"
        P=P-1
      ENDDO
      I=I+1
      N=N-1
    ENDDO
    SET TALK ON
```

【分析】

本题目是双重循环，用来实现二维图形的输出，外循环 N 次，控制图形的行数、起始输出位置及换行，内循环控制在同一行上输出的"*"个数。

【答案】

5. 变量 X 的输入值为 36。

```
    SET TALK OFF
    CLEAR
    INPUT "X=" TO X
    S=STR(X,5)+"="
    FOR I=2 TO X
        IF MOD(X,I)=0
            S=S+STR(I,3)+"*"
            X=INT(X/I)
            =I-1
        ENDIF
    ENDFOR
    ?LEFT(S,LEN(S)-1)
    SET TALK ON
```

【分析】

键盘输入 X 值，循环变量 I 从 2 至 X 逐个变化，如果 X 能被 I 整除（即 I 是 X 的因子），则将该数转换成字符后连接到 S 字符串上，同时将 X/I 后取整等待新的 X，I–1 是为了继续判断原来的 I（FOR 没有加 1 时的 I）是否为新的 X 因子，循环处理，直到将 X 的所有因子边乘式连接到 S 字符串中。输出语句?LEFT(S,LEN(S)–1)中的 LEN(S)–1 是为了将最后一个乘号"*"去掉。

【答案】

```
36=2*3*6
```

6. 设输入的数值 N 为 5。

```
SET TALK OFF
CLEAR
INPUT "N=" TO N
FOR I=1 TO 2*N-1
   IF I<=N
      ?SPACE(20)
      FOR J=1 TO 2*(N-I+1)-1
         ??CHR(64+N-I+1)
      ENDFOR
   ELSE
      ?SPACE(20-2*(I-N))
      FOR J=1 TO 2*(I-N)+1
         ??CHR(65+I-N)
      ENDFOR
   ENDIF
ENDFOR
SET TALK ON
```

【分析】

本题目是双重循环，用来实现二维图形的输出，外循环 2*N–1 次，控制图形的行数、起始输出位置及换行，内循环控制在同一行上输出的字符个数。内循环根据 I≤N 还是 I>N 分两种情况处理每行字符的输出。

【答案】

```
EEEEEEEEE
DDDDDDD
CCCCC
BBB
A
BBB
CCCCC
DDDDDDD
EEEEEEEEE
```

7. 写出运行结果。

```
SET TALK OFF
CLEAR
USE 销售
? '----------------------------'
? '职工号        金额'
```

```
GO TOP
DO WHILE.NOT.EOF()
  IF 金额<1000
    ? 职工号+SPACE(5)+STR(金额,7,2)
  ENDIF
  SKIP
ENDDO
? '--------------------------'
USE
SET TALK ON
```

【分析】

本题目是一个对销售表的循环，如果金额<1000，则输出职工号和金额。

【答案】

职工号	金额
199803	645.00
200601	640.00

8. 设输入的数值 N 为 6，M 为 8，写出运行结果。

```
SET TALK OFF
CLEA
INPUT 'N=' TO N  &&输入 6
INPUT 'M=' TO M  &&输入 8
X=MIN(N,M)
FOR I=X TO 1 STEP -1
  IF M/I=INT(M/I) AND N/I=INT(N/I)
    GYS=I
    EXIT
  ENDIF
ENDFOR
? GYS,M*N/GYS
SET TALK ON
```

【分析】

本题目是一个 FOR 循环结构，如果 I 能同时整除 M 和 N，则 I 是 M，N 的公因数，并把这个公因数 I 赋值给 GYS，退出循环。最后输出 GYS 和 M*N/GYS。

【答案】

6   24.00

9. 写出运行结果。

```
SET TALK OFF
CLEAR
X=3
```

```
Y=5
S=AREA(X,Y)
?S
SET TALK ON
FUNCTION  AREA
PARA  A,B
S1=A*B
RETURN  S1
```

【分析】

本题目前半段（SET TALK OFF～SET TALK ON）是一个主程序，后半段（FUNCTION AREA 到 RETURN S1）是一个自定义函数，函数名为 AREA。把 X，Y 带给函数 AREA 对应的变量 A，B，计算 A*B，结果再赋值给 S。

【答案】

15

4.5　程序设计题

1．输入边长，计算并输出正方形的周长、面积和体积。

【分析】

本题是一个简单的顺序结构，输入一个变量——边长，按公式计算并输出即可。

【参考程序】

```
SET TALK OFF
CLEAR
INPUT "正方形边长 N=" TO N
?" 正方形周长为：",4*N
?" 正方形面积为：",N*N
?" 正方形体积为：",N*N*N
SET TALK ON
```

2．某航空公司规定：如果订票数超过 10 张，则票价优惠 15%；如果订票数超过 20 张，则票价优惠 25%。输入票价和定票数，计算并显示金额。

【分析】

本题是一个三分支的结构，按订票数分 3 种情况。程序可以用 2 个 IF-ENDIF 嵌套实现，也可以用 1 个 DO CASE-ENDCASE 语句实现。

【参考程序】

```
SET TALK OFF
CLEAR
INPUT "请输入票价：" TO PJ
INPUT "请输入定票数:" TO DPS
```

```
DO CASE
    CASE DPS>20
        JE=DPS*PJ*.75
    CASE DPS>10
        JE=DPS*PJ*.85
    OTHERWISE
        JE=DPS*PJ
ENDCASE
?"总金额为:",JE
SET TALK ON
```

3. 编写程序，找出满足以下条件的 3 位自然数：百位数和十位数组成的 2 位自然数是一个完全平方数，且百位数大于十位数，例如，自然数 819 就满足上述条件，81 是一个完全平方数，且 8 大于 1。

【分析】

本题必须在所有 3 位自然数之间找，循环变量从 100 到 999。把这个数除以 100 取整，可以得到百位数；这个数除以 100 的余数再除以 10 取整，可以得到十位数；把这个数除以 10 取整则得到百位数和十位数组成的两位自然数。若取出来的数满足题目的条件就把该数输出，见方法 1。百位、十位等数字的取得也可以用字符串的截取方式实现，见方法 2。

【参考程序】

方法 1：

```
SET TALK OFF
CLEAR
FOR I=100 TO 999
    A1=INT(I/100)                &&取出百位数
    A2=INT(MOD(I,100)/10)        &&取出十位数
    A3=INT(I/10)                 &&取出百位与十位的组合
    IF A1>A2 AND SQRT(A3)=INT(SQRT(A3))
        ??I
    ENDIF
ENDFOR
SET TALK ON
```

方法 2：

```
SET TALK OFF
CLEAR
FOR I=100 TO 999
    X=STR(I,3)                   &&将 I 转换为字符数字赋给 X
    A1=VAL(SUBSTR(X,1,1))        &&截取出百位数
    A2=VAL(SUBSTR(X,2,1))        &&截取出十位数
    A3=VAL(SUBSTR(X,1,2))        &&截取出百位与十位的组合
    IF A1>A2 AND SQRT(A3)=INT(SQRT(A3))
```

```
        ??I
     ENDIF
  ENDFOR
  SET TALK ON
```

4．编写程序，计算算式：$S=1/1*2+1/2*3+\cdots+1/N*(N+1)$

【分析】

本题是一个多项式的累加求和，采用 FOR-ENDFOR 循环结构实现最简单，循环变量从 1 到 N。N 由用户确定，所以从键盘输入；用 S 存放累加和，在循环外赋初值 0。用中间变量 T 放每一项的值，循环结束输出累加和 S。

【参考程序】

```
  SET TALK OFF
  CLEAR
  INPUT "请输入自然数 N=" TO N
  S=0
  FOR I=1 TO N
     T=1/(I*(I+1))
     S=S+T
  ENDFOR
  ?S
  SET TALK ON
```

5．编写程序，计算算式：$S=1^1+2^2+3^3+4^4+5^5+\cdots+N^N$

【分析】

本题是一个多项式的累加求和，采用 FOR-ENDFOR 循环结构实现，循环变量从 1 到 N。N 由用户确定，从键盘输入；用 S 存放累加和，在循环外赋初值 0。用中间变量 T 放每一项的值，由于每项数据是一个累乘，所以再用一个 FOR-ENDFOR 循环。

【参考程序】

```
  SET TALK OFF
  CLEAR
  INPUT "请输入自然数 N=" TO N
  S=0
  FOR I=1 TO N              &&累加的项数
     T=1                    &&每项值的初值
     FOR J=1 TO I           &&每项累乘的次数
       T=T*I
     ENDFOR
     S=S+T                  &&把累乘结果加给 S
  ENDFOR
  ?S
  SET TALK ON
```

6．整数 1 用了一个数字，整数 10 用了 1 和 0 两个数字。编写程序计算，从整数 1 到整数 1000 一共要用多少个数字 1 和多少个数字 0。

【分析】

本题要从整数 1 检查到整数 1000，所以用 FOR-ENDFOR 循环实现，循环变量从 1 到 1000。用变量 S1 和 S2 分别存放 1 和 0 的个数。由于对于每个数需要检查每位数中是否有 1 或 0，所以还需要套用一个循环逐个取数字，直到该数为 0 结束。逐个取数字用取余函数 MOD（M,10）实现，即取出 M 最右边的一位数，判定是否等于 1 或 0，若等于 1，则 S1 加 1；若等于 0，则 S2 加 1。取出最右边的一位数后剩下的数则是 INT（M/10），把 INT（M/10）赋值给 M，检查 M 是否大于 0，若大于 0 则继续，直到等于 0，结束内循环。

【参考程序】

```
SET TALK OFF
CLEAR
STORE 0 TO S1,S2
FOR I=1 TO 1000
    M=I
    DO WHILE M>0
        L=MOD(M,10)    &&取出 M 最右边的一位数
        IF L=1
            S1=S1+1    &&S1 存放 1 的个数
        ENDIF
        IF L=0
            S2=S2+1    &&S21 存放 0 的个数
        ENDIF
        M=INT(M/10)    &&取出最右边的一位数后剩下的数
    ENDDO
ENDFOR
?"1 的个数为：",S1
?"0 的个数为：",S2
SET TALK ON
```

7. 搬砖：36 块砖，36 人搬，男搬 4 块，女搬 3 块，两个小孩抬 1 块，要求一次搬完。问：需要男、女、小孩各多少人。

【分析】

假设男、女、小孩各需要 X，Y，Z 人。如果全部让男人搬，则最多需要 9 人；如果全部让女人搬，则最多需要 12 人。由此我们知道 X 的取值范围是 0 到 9，Y 的取值范围是 $0 \sim 12$。如果 X，Y 能确定，根据题目的要求，人数一共是 36 人，那么 Z 就等于 36-X-Y。什么样的 X，Y，Z 符合要求呢？就是当 X，Y，Z 搬砖的总数等于 36 时，它们才符合题目的要求。所以本题可以用穷举法，让 X 从 0 变到 9，Y 从 0 变到 12，然后根据公式 Z=36-X-Y 算出 Z。如果满足条件 4*X+3*Y+0.5*Z=36，即输出 X,Y,Z。所以本题是两个 FOR-ENDFOR 的双循环结构。

【参考程序】

```
SET TALK OFF
```

```
CLEAR
FOR X=0 TO 9
    FOR Y=0 TO 12
        Z=36-X-Y
        IF  4*X+3*Y+Z/2=36
            ?"男人="+STR(X,2),"女人="+STR(Y,2),"小孩="+STR(Z,2)
        ENDIF
    ENDFOR
ENDFOR
SET TALK ON
```

8．统计显示"销售"表中所有销售员的销售情况。输出格式如图 1-1 所示。

【分析】

　　由于"销售"表中所有的职工都是混放在一起的，要解决这个问题，首先必须利用索引将相同的职工排列在一起，用外循环使表的所有记录参与统计，用内循环输出某一职工的销售明细。出现一个新职工时才需要输出职工号，所以在内循环外的输出语句中有职工号。

职工号	商品号	销售数量
******************************		
199701	1001	80
	2001	30
199702	1001	30
	2002	18
199801	3003	32
199803	2003	15
	1003	23
199804	3001	50
200001	2002	46
200601	1002	16

图 1-1　显示销售情况

【参考程序】

```
SET TALK OFF
CLEAR
USE 销售
?"职工号      商品号      销售数量"
?"******************************"
INDEX ON 职工号 TO IZGH
DO WHILE !EOF()
  ZGH=职工号
  ?职工号+SPACE(6)+商品号+STR(数量,10)
  SKIP
  DO WHILE ZGH=职工号
    ?SPACE(12)+商品号+STR(数量,10)
    SKIP
  ENDDO
ENDDO
USE
SET TALK ON
```

　　9．编写一个自定义函数，判断一个数是否能同时被 5 与 38 整除。并显示 1～1000 之间所有能同时被 5 与 38 整除的数。

【分析】

　　本题先编一个自定义函数，判断接收的一个数是否能同时被 5 与 38 整除，是，返回.T.；否，返回.F.。然后设计主程序显示 1～1000 之间所有能同时被 5 与 38 整除的数，判断处理直接调用自定义函数。所以把自定义函数放在主程序的后面。

【参考程序】

```
SET TALK OFF
CLEAR
FOR I=1 TO 1000
    IF SS(I)                    &&如果函数 SS 返回.T.，则满足条件，显示 I
        ?I
    ENDIF
ENDFOR
SET TALK ON
FUNCTION SS                     &&自定义函数 SS
PARAMETERS X
IF MOD(X,5)=0 AND MOD(X,38)=0
    RETU .T.
ELSE
    RETU .F.
ENDIF
ENDFUNC
```

第 5 章　面向对象程序设计基础

5.1　判断题

1．在面向对象的程序设计中，程序是由各种对象组成的。

【答案】√

【分析】面向对象的程序设计方法是把程序看做相互协作而又彼此独立的对象的集合。

2．Visual Foxpro 中的对象主要分为两大类：可视类和不可视类。

【答案】×

【分析】Visual FoxPro 提供了许多基类，这些基类主要分为两大类：控件类对象和容器类对象。

3．类是构造和建立对象的模板，决定了对象的外观和行为；而对象则是类的实例化，是类的表现形式。

【答案】√

4．事件是对象能识别和响应的特定动作，事件是系统预先定义的，我们也可以为对象添加新事件。

【答案】×

【分析】用户不能自定义添加新的事件，但可以添加新的方法。

5．命令：DO FORM MYFORM 表示运行表单 MYFORM。

【答案】√

6．数据环境是一种对象，它可以包含与表单相互作用的表、视图和查询。

【答案】√

【分析】数据环境也是一种对象，有自己的属性、事件和方法。

7．每一个表单都包括一个数据环境，在表单运行时可以自动打开和关闭数据环境中的表。

【答案】√

8．数据环境中的表及其字段都是对象，可以像引用其他对象那样引用表及其字段。

【答案】√

9．Visual FoxPro 中的所有对象都有与之对应的记数属性和收集属性。

【答案】×

【分析】Visual FoxPro 中只有容器类对象有与之对应的记数属性和收集属性。

10．对象的引用有绝对引用和相对引用两种方式，This 既可以用在绝对引用中，也可以用在相对引用中。

【答案】×

【分析】This 只能用在相对引用中，代表当前对象。

11．WITH-ENDWITH 结构是表单设计中用到的一种循环结构。

【答案】×

【分析】利用 WITH-ENDWITH 结构可以简化设置对象的多个属性，但不是循环结构。

12. Name 属性是事件或方法过程代码中唯一标识控件的名称，不可以在属性窗口中修改。

【答案】×

【分析】Name 属性既可以在设计表单时通过属性窗口修改，也可以在事件代码中修改。

13. 表单中对象的属性，可以在表单设计时直接在属性窗口中设置，也可以在事件代码中改变。

【答案】√

14. Visual FoxPro 中表单和控件的各种事件必须由用户触发，如用户单击鼠标、运行表单等。

【答案】×

【分析】表单和控件的事件可以由 3 种方式触发。有些可以由用户触发，如命令按钮和 Click 事件；有些可以由系统触发，如计时器的 Timer 事件；还有些可以由程序代码触发。

15. 如果控件的 Enabled 属性被设置为假（.F.），则控件不会响应用户或系统的任何触发动作。

【答案】√

16. 若要在列表框、组合框的值改变时执行某段代码，应该将该段代码编写在其 Click 事件中。

【答案】×

【分析】一般应该写在列表框或组合框的 InteractiveChange 事件中。

17. 表单中所有控件的 Init 事件是在表单的 Init 事件之后执行的。

【答案】×

【分析】表单中所有控件的 Init 事件是在表单的 Init 事件之前执行的。

18. 若从 Valid 事件返回"假"（.F.），则不能将焦点从控件上移走。

【答案】√

【分析】若某一对象的 Valid 事件返回值是"假"（.F.），则焦点不能从该控件上移走，只有当 Valid 事件返回值为真时焦点才能离开。

19. 用户可以给表单和表单上所有对象添加新的属性。

【答案】×

【分析】用户可以自己添加新的属性，但该属性是属于表单（如果有表单集则属于表单集）的，而不是属于某一个对象的。

20. 要在表单中的各对象之间传递参数，可以通过给表单添加新属性的方法来实现。

【答案】√

【分析】要在表单中的各对象之间传递参数，可以通过给表单添加新属性的方法来实现；还可以通过 DO FORM <表单> WITH <变量表达式>命令实现。

5.2　选择题

1．下面关于类和对象的叙述中，错误的是（　　　）。

　　A．组成程序的对象划分为各种对象类

　　B．类是构造和建立对象的模板，决定了对象的外观和行为

　　C．对象是类的实例化，是类的表现形式

　　D．类也是对象的父容器

【答案】D

2．下面关于容器类和控件类的叙述中，错误的是（　　　）。

　　A．容器类对象可以包含其他对象，这种包含通常是多层嵌套的

　　B．控件类对象不允许向控件中添加其他对象

　　C．容器类对象和控件类对象可以相互转换

　　D．Visual FoxPro 提供的基类主要分为容器类和控件类

【答案】C

3．下面关于属性、方法和事件的叙述中，正确的是（　　　）。

　　A．方法是一段能完成特定操作的程序代码，可以独立于对象单独运行

　　B．属性是对象所表现出来的外部特征，不可以改变

　　C．事件是对象能识别和响应的特定动作，是系统预定义好的

　　D．在新建一个表单时，可以添加新的属性、方法和事件

【答案】C

【分析】用户可以添加新的属性和方法，但事件是不能添加的。

4．在 Visual FoxPro 系统中，以下关于事件的叙述正确的是（　　　）。

　　A．鼠标单击是一个事件动作

　　B．事件只能通过用户的操作行为触发

　　C．事件不能适用于多种控件

　　D．当事件发生时，只执行包含在事件过程中的一部分代码

【答案】A

【分析】事件不但可以由用户的操作行为触发，还可以由系统或程序代码触发。

5．在关闭当前表单的程序代码 ThisForm.Release 中，Release 是表单对象的（　　　）。

　　A．标题　　　　　　B．属性　　　　　　C．事件　　　　　　D．方法

【答案】D

6．在 Visual FoxPro 中，表单文件和表单备注文件的扩展名分别是（　　　）。

　　A．.dbf 和.dct　　　　B．.scx 和.sct　　　　C．.dbc 和.dct　　　　D．.dbc 和.dbf

【答案】B

7．下面关于数据环境的叙述中，错误的是（　　　）。

　　A．数据环境中包含的是与表单有联系的表、视图以及表之间的关系

　　B．数据环境是一个对象，有自己的属性、方法和事件

　　C．使用数据环境可以很方便地把控件与表中的字段关联在一起

　　D．放入数据环境中的表需要用命令来打开

【答案】D

【分析】放入表单数据环境中的表，可以随着表单的打开而自动打开。

8．决定选项按钮组中单选按钮个数的属性是（　　）。

　　A．ButtonCount　　B．Buttons　　　　　C．Value　　　　　　D．ControlSource

【答案】A

【分析】ButtonCount 是选项按钮组这一容器类对象的记数属性。

9．如果 ColumnCount 属性设置为–1，则在运行时，表格将包含与其绑定的表中字段的列数是（　　）。

　　A．出错　　　　　B．0 列　　　　　　C．1 列　　　　　　D．表的实际列数

【答案】D

10．下面关于对象引用的叙述中，正确的是（　　）。

　　A．在表单中知道对象的名称就可以找到该对象

　　B．对象的绝对引用方式都可以换成相对引用方式

　　C．表单的绝对引用都是从 ThisForm 开始的

　　D．对象的相对引用与当前所在位置没有关系

【答案】B

11．在表单 Form1 下有一个命令按钮（Command1），在该命令按钮中要将表单的背景色改变为绿色，正确命令是（　　）。

　　A．Form1.BackColor = RGB（0, 255, 0）

　　B．Parent.BackColor = RGB（0, 255, 0）

　　C．THIS.BackColor = RGB（0, 255, 0）

　　D．THISFORM.BackColor = RGB（0, 255, 0）

【答案】D

【分析】A 中的 Form1 找不到，改成 ThisForm 就正确了；B 缺少 This.；C 改变的是 Command1 的背景色；D 是正确的。

12．下面关于属性设置的叙述中，错误的是（　　）。

　　A．对象的属性既可以在属性窗口中设置，也可以在程序代码中设置

　　B．属性窗口中以斜体显示的属性是只读属性，不能修改

　　C．用对象快捷菜单中的"属性"命令可以很方便地进入属性设置窗口

　　D．在属性设置窗口中不能切换对象。

【答案】D

【分析】在属性窗口中可以很方便地切换不同的对象。

13．对于表单及控件的绝大多数属性，其类型通常是固定的，Caption 属性和 Enabled 属性只能用来分别接收（　　）。

　　A．字符型和数值型　　　　　　　　　　B．字符型和逻辑型

　　C．数值型和逻辑型　　　　　　　　　　D．数值型和字符型

【答案】B

14．为了修改表单的标题，应设置表单的（　　）属性。

  A．Caption   B．Name   C．Value   D．FontName

【答案】A

15．下面关于事件代码的编辑与响应的叙述中，错误的是（　　）。

  A．双击对象可以快捷地进入该对象的事件代码编辑窗口

  B．事件代码的响应大部分是由用户的动作触发的

  C．计时器的 Timer 事件代码是由系统自动触发的

  D．当对象的 Enabled 属性设置为".F."时，用户仍然可以触发它的事件代码

【答案】D

【分析】当对象的 Enabled 属性设置为".F."时，用户是无法触发它的事件的。

第 6 章　常用表单控件的使用

6.1　判断题

1. 当形状 Shape 控件的 Curvature 属性设置为 99 时，形状显示为圆。

【答案】√

【分析】当形状 Shape 控件的 Curvature 属性设置为 99 时，形状显示为圆；而当 Curvature 属性设置为 0 时，形状显示为直角。

2. 当把标签的前景色设置为 RGB（255,255,255）时，标签里的文字显示为黑色。

【答案】×

【分析】当把标签的前景色设置为 RGB（255,255,255）时，标签里的文字显示为白色；当设置为 RGB（0,0,0）时显示为黑色。

3. 在图像（Image）控件中可以放入其他控件。

【答案】×

【分析】图像（Image）是控件类对象，而不是容器类对象，所以是不能放入其他控件的。

4. 设置文本框的 PasswordChar 属性为 "*"，文本框输入的数据将被 "*" 替换。

【答案】√

5. 当文本框的 Valid 事件返回.F.时，光标将不能离开文本框。

【答案】√

【分析】只有当文本框的 Valid 事件返回.T.时，光标才能离开文本框。

6. Caption 属性是文本框的一个主要属性。

【答案】×

【分析】文本框没有 Caption 属性，Value 应该是文本框的一个主要属性。

7. 在编辑框中可以显示和编辑表文件中的日期型字段。

【答案】×

【分析】在编辑框中可以显示和编辑表文件中的字符型数据和备注型字段，不能与日期型字段绑定，否则数据类型不匹配。

8. 列表框、组合框的数据源是通过属性 RowSourceType 和 RowSource 进行设置的。

【答案】√

9. 若要在列表框的值改变时执行某段代码，应该将该段代码编写在其 Click 事件中。

【答案】×

【分析】若要在列表框的值改变时执行某段代码，应将该段代码编写在其 InteractiveChange 事件中。

10. 当组合框的 Style 属性设置为 2 时，其功能与列表框是一样的。

【答案】√

【分析】设置为"2-下拉列表框"时，组合框只有列表框的功能，即只能当作列表框来使用。组合框 Style 属性的默认值是"1-下拉组合框"时才具有文本框和列表框的功能。

11．一般把最常用的那个命令按钮设置为默认按钮，按回车键时默认按钮即被触发。

【答案】✓

【分析】我们可以把最常用的那个命令按钮的 Default 属性设置为.T.，这样，当按回车键时默认按钮即被触发。

12．命令按钮组的事件代码在任何时候都可以作为其所包含控件同名事件的默认代码。

【答案】×

【分析】如果命令按钮组和其中命令按钮的 Click 事件中都含有代码，则单击该按钮时触发的是按钮的 Click 事件代码，而不是命令按钮组的 Click 事件代码。只有当按钮的 Click 事件中不包含代码时才触发按钮组的 Click 事件代码。设一个命令按钮组中有两个命令按钮（命令按钮 1 和命令按钮 2），在按钮组的 Click 事件中包含了相关代码，而在按钮组的两个命令按钮中只有命令按钮 1 编写了 Click 事件代码。则当用户单击命令按钮 1 时，其 Click 事件代码被执行，而命令按钮组的 Click 事件不会被执行。若用户单击命令按钮 2，由于命令按钮 2 的 Click 事件没有编写代码，则系统将执行命令按钮组的 Click 事件代码。这说明按钮组的事件代码可以作为默认事件代码。但这并不是说任何时候都可以作为其所包含控件同名事件的默认代码，这里我们可以看出，由于命令按钮 1 有 Click 事件代码，所以就不会执行命令按钮组的 Click 事件代码。

13．如果选项按钮组的 Value 属性值为 1，则表示在选项按钮组中选中了第 1 个按钮。

【答案】✓

【分析】是的，如果选项按钮组的 Value 属性值为 2，则表示在选项按钮组中选中了第 2 个按钮，等等。

14．如果设置选项按钮组的 ControlSource 属性为表文件中的一个字符型字段，则将把用户选择按钮的 Caption 保存到表中。

【答案】✓

【分析】如果把 ControlSource 设置为表中的一个字符型字段，则是将用户选择的按钮的标题 Caption 保存在该字段中；如果把 ControlSource 设置为表中的一个数值型字段，则是将选项按钮组的 Value 值保存在该字段中。

15．任何控件的 Enabled 属性设置为假后，都会呈现明显的淡灰色废止迹象。

【答案】✓

16．当计时器控件的 Interval 属性为 0 时，计时器控件将不起作用。

【答案】✓

17．计时器控件 Enabled 属性的默认值是.F.。

【答案】×

【分析】计时器控件 Enabled 属性的默认值是.T.。

18．设置表格的数据源要用 RecordSourceType 和 RecordSource 属性。

【答案】✓

19．页框控件的 ActivePage 属性可以反应页框中活动页面的页码。

【答案】√

20．显示通用型字段的内容使用的是表单控件工具栏上的 ActiveX 绑定控件。

【答案】√

【分析】显示备注型字段的内容使用的是表单控件工具栏上的编辑框控件，而显示通用型字段的内容则选用 ActiveX 绑定控件。

6.2 选择题

1．放入表单中的标签，其 Caption 属性的默认值与下面的（　　）属性的默认值是一致的。

 A．Value   B．Name   C．Alignment   D．Height

【答案】B

【分析】标签 Caption 属性的默认值是 Label1，而标签 Name 属性的默认值也是 Label1。

2．决定表单上控件的位置的属性是（　　）。

 A．Left 和 Top   B．Alignment 和 Value

 C．WordWrap 和 Visible   D．Width 和 Height

【答案】A

【分析】Left 和 Top 确定控件左边与其父对象左边和顶边的距离，而 Width 和 Height 是控件本身的宽度和高度。

3．要使图像中的图片等比例填充，要设置的属性是（　　）。

 A．Picture   B．Stretch   C．BackStyle   D．AutoSize

【答案】B

【分析】图像的 Stretch 属性中有 0-剪裁、1-等比填充、2-变比填充，选 Stretch 属性的 1 即可。

4．在一个表单中，如果想让其中的某个控件不可见，应该设置该控件的（　　）属性。

 A．ReadOnly B．Enabled   C．Visible   D．Value

【答案】C

5．使形状（Shape）控件显示为三维的效果，应设置形状（Shape）的（　　）属性。

 A．Curvature B．FillStyle   C．BackStyle   D．SpecialEffect

【答案】D

【分析】形状（Shape）控件的 SpecialEffect 属性中有 0-3 维、1-平面，选择 0 即可。

6．将文本框的 PasswordChar 属性值设置为星号（∗），那么，当在文本框中输入"计算机"时，文本框中显示的是（　　）。

 A．计算机   B．∗∗∗   C．∗∗∗∗∗∗   D．错误设置

【答案】C

7．对于文本框的 Value 属性，其可能的数据类型为（　　）。

 A．数值型   B．字符型   C．日期型   D．都对

【答案】D

【分析】对于文本框的 Value 属性，其可能的数据类型为非 M、非 G 型数据。

8．在表单的 Init 事件中，使表单中的 Text1 控件中显示"杭州"，应该设置（　　）。

　　A．Thisform.Text1.Caption="杭州"　　　　B．Text1.Value="杭州"

　　C．This.Text1.Value="杭州"　　　　　　　D．This.Value="杭州"

【答案】C

【分析】A 错，因为文本框是没有 Caption 属性的；B 错，因为不清楚 Text1 属于谁；D 错，因为这里的 This 指表单，而表单是没有 Value 属性的。

9．下列各组控件中（　　）组可以用于数据的输入。

　　A．标签和图像控件　　　　　　　　　　B．编辑框和文本框控件

　　C．计时器和形状控件　　　　　　　　　D．命令按钮和页框控件

【答案】B

10．如果要为控件设置焦点，则控件的 Enabled 属性和（　　）属性必须为.T.。

　　A．Visible　　　　　　　　　　　　　　B．Cancel

　　C．Default　　　　　　　　　　　　　　D．Buttons

【答案】C

11．若要使表单中的编辑框（Edit1）得到焦点，应使用命令（　　）。

　　A．This.Edit1.SetFocus=.T.　　　　　　B．ThisForm. SetFocus

　　C．ThisForm.SetFocus(Edit1)　　　　　　D．ThisForm.Edit1.SetFocus

【答案】D

【分析】A 的调用语法不正确，SetFocus 是方法，不是属性；B 是使表单得到焦点，表单的 SetFocus 方法不存在；C 的语法不正确。

12．决定选项按钮组中按钮个数的属性是（　　）。

　　A．ButtonCount　B．Buttons　　　　　C．Value　　　　　　D．ControlSource

【答案】A

【分析】ButtonCount 是选项按钮组的记数属性。

13．下列方法程序中，不专属于列表框或组合框的是（　　）。

　　A．Refresh　　　　B．Clear　　　　　　C．RemoveItem　　　D．AddItem

【答案】A

【分析】Refresh 可以在许多对象的事件代码中调用。

14．对于不同的表单控件，其属性 Value 所表示的含义也有所不同。例如，选项按钮组中 Value 的含义是（　　）。

　　A．该选项组中单个选项按钮所包含的事件

　　B．用于指定选项组中哪个选项被选中

　　C．每个选项按钮的标题名称

　　D．选项组所包含的整个事件代码

【答案】B

15．要设置表格的数据源，需要使用（　　　）属性。

    A．ControlSource 和 Controls   B．RecordSourceType 和 RecordSource

    C．RowSourceType 和 RowSource   D．ListCount 和 List

【答案】B

16．ButtonCount 是下面（　　　）控件的属性。

    A．文本框   B．命令按钮   C．选项按钮组   D．表单

【答案】C

17．假设当前表单中的页框共包括 3 个页面，则下列语句中，能正确设置第 2 个页标题为"第二页"的命令是（　　　）

    A．ThisForm. PageFrame. Page (2). Caption = "第二页"

    B．ThisForm. PageFrame. Pages (2). Caption = "第二页"

    C．ThisForm. PageFrame1. Page (2). Caption = "第二页"

    D．ThisForm. PageFrame1. Pages (2). Caption = "第二页"

【答案】D

18．如果 ColumnCount 属性设置为–1，那么在运行时，表格将包含与其绑定的表中字段的列数是（　　　）。

    A．出错   B．0 列   C．1 列   D．表的实际列数

【答案】D

19．当把"职工.dbf"表文件中的"婚否"（逻辑型）字段拖入表单中时，该字段会自动与（　　　）控件建立数据绑定。

    A．复选框   B．编辑框   C．表格   D．文本框

【答案】A

20．表单中的常用事件有 Click，Init，Destory，When，GotFocus，LostFocue，Valid，Load，Activate 等，这些事件的常规触发顺序是（　　　）。

    A．Init，Click，Destory，When，GotFocus，LostFocue，Valid，Load，Activate

    B．Load，Init，Activate，When，GotFocus，Click，Valid，LostFocus，Destory

    C．Load，Init，When，GotFocus，Click，Valid，LostFocus，Activate，Destory

    D．Init，Load，Activate，When，GotFocus，Click，Valid，LostFocus，Destory

【答案】B

6.3　程序填空题

说明：阅读下列程序，在标注的位置选择填空，即在提供的 4 个可选答案中，挑选一个正确的答案。

1．下面的表单实现以下功能：单击"开始"按钮，信息行从表单顶端开始向下移动，到达表单底边后又回到表单顶端，再继续下移。单击"停止"按钮，信息行则停止下移。设计界面和运行界面如图 1-2 和图 1-3 所示。表单的事件代码如下。

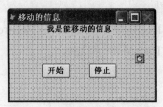

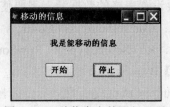

图 1-2　下移信息表单设计界面　　　　　图 1-3　下移信息表单运行界面

- Form1 的 Init 事件代码

```
----(1)----
Thisform.Timer1.Interval=100
```

- "开始"按钮的 Click 事件代码

```
Thisform.Timer1.Enabled=.T.
----(2)----
```

- "停止"按钮的 Click 事件代码

```
Thisform.Timer1.Enabled=.F.
```

- Timer1 的 Timer 事件代码

```
Thisform.Label1.Top=Thisform.Label1.Top+1
IF ----(3)----
    Thisform.Label1.Top=0
ENDIF
Thisform.Refresh
```

（1）A．Thisform.Timer1.Enabled= .T.　　　B．Thisform.Timer1.Visible=.T.

　　 C．Thisform.Timer1.Visible=.F.　　　 D．Thisform.Timer1.Enabled= .F.

【答案】D

【分析】在没有按"开始"按钮时，标签是不能移动的，所以在表单的 Init 事件中应当
先使计时器不工作，D 符合要求；A 正相反，计时器在表单运行后默认是不显示的；B，C
不正确，因为计时器不需要设置，也不存在 Visible 属性。

（2）A．Thisform.Label1.Left=0　　　　　 B．Thisform. Timer1.Top=0

　　 C．Thisform.Label1.Top=0　　　　　　D．Thisform. Timer1.Left=0

【答案】C

【分析】根据题目要求，单击"开始"按钮，信息行从表单顶端开始向下移动，所以开
始移动时标签的初始位置在表单顶端，C 是对的；A 是设置标签的初始位置在表单左边，不
合题意；B，D 错，因为不需要考虑计时器的位置，而且计时器是在"后台"运行的，不会
显示其运行位置。

（3）A．Thisform.Label1.Top=Thisform.Height−Thisform.Label1.Height

　　 B．Thisform.Label1.Left=Thisform.Height−Thisform.Label1.Height

　　C．Thisform.Label1.Top=Thisform.Width−Thisform.Label1.Width

　　D．This.Label1.Top=This.Height−This.Label1.Height

【答案】A

【分析】信息行向下移动就是使标签与顶端的距离不断加大，当信息行到达表单底边后又回到顶端，判断标签是否到达表单底边，也就是标签的 TOP 等于表单的高度减去标签自身的高度，所以 A 符合要求。

2．下面的表单实现显示指定表文件的字段名。运行界面如图 1-4 和图 1-5 所示。表单的事件代码如下。

　　图 1-4　显示字段名表单运行界面 1　　　　　　图 1-5　显示字段名表单运行界面 2

- Combo1 的 Valid 事件代码

```
FN=ALLTRIM(This.DisplayValue)
IF FILE(FN)
    ----(1)----
    Thisform.List1.Clear
    ----(2)----
    FOR I=1 TO FCOUNT()
        ----(3)----
    ENDFOR
ELSE
    Thisform.List1.Visible=.F.
    Thisform.Label2.Visible=.F.
    MESSAGEBOX("文件不存在！",0+64,"文件判断")
ENDIF
This.SelectOnEntry=.T.
Thisform.Refresh
RETURN .T.
```

（1）A．Thisform.SetAll("Visible",.F.)

　　B．Thisform.SetAll("Visible",.T.)

　　C．This.SetAll("Visible",.T.)

　　D．Thisform.SetAll("Visible",.T., "TextBox")

【答案】B

【分析】由于列表框的初始状态是不可见的，当输入表文件名正确后，需要使列表框变为可见，用来显示字段名，所以选择 B。A 是使表单的所有控件都不可见；C 中的 This 是指组合框，也不对；D 设置的对象是文本框，不合要求。

（2）A. USE (FN.dbf)   B. USE (FN)

      C. USE ("FN")   D. USE ("FN.dbf")

【答案】B

【分析】当输入表文件名正确后，需要在列表框显示字段名，这需要首先打开表文件，因为文件名已经赋值给字符型变量 FN，可使用命令 USE（FN）或 USE &FN 打开数据表，所以 B 正确。其他写法不正确。

（3）A. Thisform.List1.AddItem（字段名）

      B. Thisform.List1. RemoveItem （字段名）

      C. Thisform.List1.AddItem(Field(I))

      D. Thisform.List1.RemoveItem(Field(I))

【答案】C

【分析】将所打开表的字段名通过循环方式依次借助 AddItem 方法填写到列表框，C 的写法是正确的。

3．下面表单实现计算指定部门的工资总额并填写在文本框里。设计界面和运行界面如图 1-6 和图 1-7 所示。表单的事件代码如下。

图 1-6　指定部门工资总额设计界面   图 1-7　指定部门工资总额运行界面

- Form1 的 Init 事件代码

```
SET TALK OFF
SET SAFETY OFF
----(1)----
INDEX ON 部门 TO BM UNIQUE
SCAN
    Thisform.Combo1.AddItem(部门)
ENDSCAN
----(2)----
```

- Combo1 的 InterActiveChange 事件代码

```
SUM 基本工资 TO GZZE FOR ALLTRIM(Thisform.Combo1.DisplayValue)=ALLTRIM(部门)
Thisform.Label2.Caption=ALLTRIM(Thisform.Combo1.DisplayValue)+"部基本
工资总额"
----(3)----
Thisform.Refresh
```

（1）A．Thisform.Combo1.RowSourceType=0

　　　B．Thisform.Combo1.RowSourceType=1

　　　C．Thisform.Combo1.RowSourceType=2

　　　D．Thisform.Combo1.RowSourceType=6

【答案】A

【分析】由于组合框中的部门是借用 AddItem 方法添加的，其数据源的类型 RowSourceType 应置为 0，所以 A 正确，而其他选项均不符合要求。

（2）A．Thisform.Refresh　　　　　　　　　B．Thisform.Release

　　　C．CLEAR　　　　　　　　　　　　　　D．CLOSE INDEX

【答案】D

【分析】由于职工表中同一部门的职工有多人，为使每一部门只将一条记录添加到组合框，我们使用了 UNIQUE 唯一索引，但在接下来统计某部门职工工资总额时，如果仍然是每部门只有一条记录，统计结果就会出错，因此先要将索引关闭，确保表记录完整，D 正确，而其他选项不符合要求。

（3）A．This.Text1.Value=GZZE　　　　　　B．Thisform.Text1.Value=GZZE

　　　C．Thisform.Combo1.Value=GZZE　　　D．Thisform. Value=GZZE

【答案】B

【分析】要将统计汇总后的工资总额在文本框显示，可设置文本 Text1 的 Value 属性，正确的写法是 B。A 中的 This 是指组合框；C 也是针对组合框；而 D 中表单是没有 Value 属性的。

　　4．下面表单实现时钟的显示，并且表单的背景色能随秒呈蓝、绿两色变动。表单背景的初始颜色为蓝色。设计界面和运行界面如图 1-8 和图 1-9 所示。表单的事件代码如下。

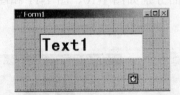
图 1-8　时钟显示表单设计界面

图 1-9　时钟显示表单运行界面

- Form1 的 Init 事件代码

```
----(1)----
Thisform.Timer1.Interval=1000
Thisform.Backcolor=RGB(0,0,255)
Thisform.Text1.Value=Time()
```

- Timer1 的 Timer 事件代码

```
Thisform.Text1.Value=Time()
----(2)----
----(3)----
    Thisform.Backcolor=RGB(0,0,255)
ELSE
```

```
        Thisform.Backcolor=RGB(0,255,0)
    ENDIF
    Thisform.Refresh
```

（1）A．Thisform.Value="信息框"　　　　B．Thisform.Clear

　　　C．Thisform.Text1.Caption="信息框"　　D．Thisform.Caption="信息框"

【答案】D

【分析】根据表单运行界面的要求，表单的标题运行时应该显示"信息框"，所以 D 正确，其他选项都不是针对表单的 Caption 设置的。

（2）A．M=VAL(Left(Time(),2))　　　　　B．M=Right(Time(),2))

　　　C．M=VAL(Right(Time(),2))　　　　　D．M=VAL(SubStr(Time(),2))

【答案】C

【分析】因为题目要求表单的背景色能随秒呈蓝、绿两色变动，则应当先将时间中的秒值取出来，Time()函数返回的时间是字符型数据，截取右字符串得到秒以后还要转换成数值型数据，所以 C 正确。

（3）A．IF M/2=0　　　　　　　　　　　B．IF M%2=0

　　　C．IF MOD(M/2)=0　　　　　　　　D．IF INT(M/2)=0

【答案】B

【分析】根据秒的值是偶数还是奇数来变换表单背景色，就是要判断秒 M 是否为偶数，即能否被 2 整除，正确的写法是 B。

5．下面表单实现一个闪烁的指示灯，效果是：按下"开始"按钮，形状每隔 1 s 在方形和圆形之间切换，同时形状的颜色也在绿色和红色之间切换；按下"停止"按钮，结束上述动作。初始运行时为方形、绿色。设计界面和运行界面分别如图 1-10、图 1-11 和图 1-12 所示。表单的事件代码如下。

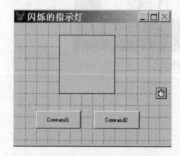 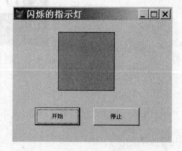 

图1-10　闪烁指示灯的设计界面　　图1-11　闪烁指示灯的初始运行界面　　图1-12　闪烁指示灯的开始后运行界面

● Form1 的 Init 事件代码

```
This.Command1.Caption="开始"
This.Command2.Caption="停止"
This.Shape1.Curvature=0
This.Shape1.Backcolor=RGB(0,255,0)
----(1)----
This.Timer1.Interval=1000
```

● "开始" 按钮的 Click 事件代码

```
Thisform.Timer1.Enabled=.T.
```

● "停止" 按钮的 Click 事件代码

```
Thisform.Timer1.Enabled=.F.
```

● Timer1 的 Timer 事件代码

```
IF   ----(2)----
    Thisform.Shape1.Curvature=99
    Thisform.Shape1.Backcolor=RGB(255,0,0)
ELSE
    Thisform.Shape1.Curvature=0
    ----(3)----
ENDIF
Thisform.Refresh
```

（1）A．This.Timer1.Enabled=.T.

　　B．This.Timer1.Enabled=.F.

　　C．Thisform.Text1.Caption="闪烁的指示灯"

　　D．Thisform.Caption="闪烁的指示灯"

【答案】B

【分析】计时器的 Enabled 属性默认情况下为.T.，如果没有按下 "开始" 按钮时要求计时器不工作，则应设计时器的 Enabled 属性为.F.，所以 B 正确。根据设计界面的提示，表单的标题是在设计时通过属性窗口设置的，所以不需要在初始事件代码中编写。

（2）A．This.Shape1.Curvature=0

　　B．M%2=0

　　C．Thisform.Shape1.Curvature=99

　　D．Thisform.Shape1.Curvature=0

【答案】D

【分析】如果形状 Shap1 原来是直角，下次时间到就变为圆，判断形状是否为直角就是测试其 Curvature 属性是否为 0，所以选择 D。

（3）A．This.Shape1.Backcolor=RGB(0,255,0)

　　B．Thisform.Shape1.Backcolor=RGB(255,0,0)

　　C．Thisform.Shape1.Backcolor=RGB(0,255,0)

　　D．Thisform.Shape1.Forecolor=RGB(0,255,0)

【答案】C

【分析】如果形状不是直角，下次时间到就将其 Curvature 属性置为 0（直角），同时，形状的背景色置为绿色，因此选择 C。

第 7 章　表单设计应用

7.1　判断题

1．数据环境中的表可以随着表单的运行和退出自动打开与关闭。

【答案】✓

2．表单的标题就是表单名称。

【答案】×

【分析】表单的标题是 Caption 属性，而表单名称是 Name 属性。

3．命令按钮组可以通过其 Value 属性确定用户选择了哪一个按钮。

【答案】✓

4．常用控件和表单一样可以通过主菜单添加新属性。

【答案】×

【分析】用户添加的新属性都是属于表单的，不是属于某一控件的。

5．组合框和列表框具有类似功能，都可以显示多行数据。

【答案】✓

【分析】组合框和列表框具有类似功能，都可以显示多行数据，只是表现的形式不同，组合框有下拉组合框与下拉列表框之分。

6．表单集中每一个表单都有自己的数据环境。

【答案】×

【分析】如果有表单集，则数据环境是属于表单集的，表单集中的所有表单都可以共享这一数据环境。

7．在设计多表相互关联的表单时，使用 SQL 语句便于我们设计表单。

【答案】✓

8．文本框的 PasswordChar 属性主要用于控制口令的位数。

【答案】×

【分析】文本框的 PasswordChar 属性主要为输入安全考虑，用指定的字符代替输入的数据。

9．Setall 方法用于同时设置一个对象的多个属性。

【答案】×

【分析】Setall 方法用于为一组或某类控件指定一个属性。例如，要将命令按钮组中所有命令按钮设置为不可用的命令为 Thisform.CommandGroup1.SetAll("Enabled",.F., "CommandButton")。

10．组合框与列表框使用 AddItem 方法添加一项数据时，其 Rowsourcetype 属性应设置为 6。

【答案】×

7.2 选择题

1．显示表单集中某个表单，可以使用下面的方法（   ）。

    A．Hide   B．Show   C．Refresh   D．Release

【答案】B

2．数据环境泛指定义表单或表单集时使用的（   ），包括表和视图。

    A．数据   B．数据库   C．数据源   D．数据项

【答案】C

3．如果要给控件设置焦点，则控件的 Enabled 属性和（   ）属性必须为.T.。

    A．Cancel   B．Buttons   C．Default   D．Visible

【答案】D

4．面向对象的程序设计简称 OOP。下面关于 OOP 的叙述不正确的是（   ）。

    A．OOP 以对象及其数据结构为中心

    B．OOP 工作的中心是程序代码的编写

    C．OOP 用"方法"表现处理事件的过程

    D．OOP 用"对象"表现事物，用类表示对象的抽象性

【答案】B

5．能够实现"多选一"功能的控件是（   ）。

    A．命令按钮组   B．选项按钮组

    C．列表框   D．复选框

【答案】B

6．对于文本框控件，指定在一个文本框中如何输入和显示数据的属性是（   ）。

    A．ControlSource   B．PasswordChar

    C．InputMark   D．Value

【答案】C

7．在 Visual FoxPro 中，表单（Form）是指（   ）。

    A．数据库中各个表的清单   B．窗口界面

    C．数据库查询的列表   D．一个表中各记录的清单

【答案】B

8．下列控件中可以用于数据输入的是（   ）。

    A．Label 和 Text   B．Command 和 Check

    C．Text 和 Shape   D．Edit 和 Text

【答案】D

9．如果希望表单右上角的"关闭"按钮不起作用，应设置的属性是（   ）。

    A．Closable   B．MinButton   C．MaxButton   D．ShowWindow

【答案】A

10．标签控件中设置显示文本对齐方式的属性是（   ）。

    A．Alignment   B．Visible

　　　　C.　AutoSize　　　　　　　　　　　　D.　Caption

【答案】A

7.3　填空题

1．运行表单的命令是_____。

【答案】DO FORM 表单名

2．要把职工表中的姓名字段与表单中的文本框绑定，应设置文本框的_____属性。

【答案】Controlsource

3．对于容器控件，可以通过_____属性确定该容器中一共包含了多少个控件。

【答案】Controlcount

4．代码"Thisform.Edit1.Value=职工.职工号+职工.姓名"表示_____。

【答案】将职工表中某一职工的职工号与职工姓名数据显示在编辑框中

5．激活页框中的第二页，应该使用的代码为_____。

【答案】Thisform.Pageframe1.Activepage=2

6．在用文本框输入口令或密码时，可使用文本框的_____属性来屏蔽输入的口令或密码。

【答案】PasswordChar

7．表单中有一个命令按钮组 1，如果希望命令按钮组中第二个按钮的标题为"前翻"，可以使用代码_____或_____。

【答案】Thisform.CommandGroup1.Buttons(2).Caption="前翻"；

　　　　　　Thisform.CommandGroup1.Command2.Caption="前翻"

8．要查询销售表中商品号为"1001"并且销售数量≥50 的销售信息，可实现的 SQL 查询语句为_____。

【答案】SELECT * FROM 销售 WHERE 商品号="1001" AND 数量>=50

9．如果希望通过形状（Shape）控件在表单中显示一个半径为 100 的圆，应分别设置形状（Shape）控件的_____属性和_____属性的值为_____。

【答案】Height；Width；200

10．AddItem 方法常用来给控件添加数据项，一般用于_____控件或_____控件。

【答案】组合框；列表框

7.4　程序设计题

1．设计一个表单，实现计时器计时功能，设计界面如图 1-13 所示，运行界面如图 1-14 和图 1-15 所示。具体要求如下：

（1）表单初始显示状态为全零"00：00：00"。

（2）单击"开始"按钮，将自动以秒为单位从 0 开始计数并在表单上动态显示。

（3）单击"停止"按钮，将显示最后一刻的计数时间。

图 1-13 "计时器"设计界面

图 1-14 单击"开始"按钮开始计数

图 1-15 单击"停止"按钮停止计数

【操作提示】

（1）计时器表单设计界面如图 1-13 所示，在表单上添加 1 个文本框控件、3 个命令按钮控件和 1 个计时器控件，设置好文本框的字体和字号。

（2）设置命令按钮的标题属性及计时器的 Interval 属性为 1000（1 s），为了记录时、分、秒的数值，在表单中新建属性 H，M，S（分别用于保存时、分和秒的数值）。

（3）编写事件代码。

- 表单的 Init 事件代码

```
Thisform.H=0
Thisform.M=0
Thisform.S=0
Thisform.Timer1.Interval=1000
Thisform.Timer1.Enabled=.F.
Thisform.Text1.Value="00:00:00"
```

- 命令按钮"开始"的 Click 事件代码

```
Thisform.Timer1.Enabled=.T.
```

- 计时器的 Timer 事件代码

```
Thisform.S=Thisform.S+1
IF Thisform.S>=60
   Thisform.S=0
   Thisform.M=Thisform.M+1        &&当秒超过 60，分钟增加
ENDIF
IF Thisform.M>=60
   Thisform.M=0
   Thisform.H=Thisform.H+1        &&当分超过 60，小时增加
ENDIF
IF Thisform.H>24
   Thisform.S=0
   Thisform.M=0
   Thisform.H=0
ENDIF
S=IIF(Thisform.S>9,STR(Thisform.S,2),'0'+STR(Thisform.S,1))
```

&&秒数少于10，前补一位'0'

```
M=IIF(Thisform.M>9,STR(Thisform.S,2),'0'+STR(Thisform.M,1))
```

&&分数少于10，前补一位'0'

```
H=IIF(Thisform.H>9,STR(Thisform.H,2),'0'+STR(Thisform.H,1))
```

&&时数少于10，前补一位'0'

```
Thisform.Text1.Value=H+":"+M+":"+S
```

&&将计数时经过的时分秒显示到文本框。

- 命令按钮"停止"的 Click 事件代码

```
Thisform.Timer1.Enabled=.F.
```

- 命令按钮"退出"的 Click 事件代码

```
Thisform.Timer1.Enabled=.F.
```

2．设计一个部门基本工资查询表单，运行界面如图 1-16 所示。要求选择一个部门后，单击"计算"按钮，能够计算该部门的基本工资合计数与平均数。

【操作提示】

（1）表单设计界面如图 1-17 所示，在表单中添加标签控件、组合框控件、文本框控件和命令按钮控件。

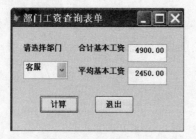
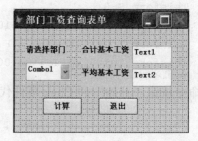

图 1-16　部门基本工资查询表单运行界面　　　图 1-17　部门基本工资查询表单设计界面

（2）为了在组合框中显示各部门名称，同时相同的部门只显示一个部门名称，组合框的数据来源（RowsourceType，Rowsource 属性）不能直接设置为部门字段，应该先将职工表按部门建立索引（INDEX on 部门 TO bm unique，其中的参数 unique 表示如果有相同的部门名称，则只取一个部门名称），再使用 AddItem 方法将部门名称添加到组合框中，这样组合框中各部门仅显示一个部门名称。

（3）编写事件代码

- 表单的 Init 事件代码

```
SET TALK OFF
SET SAFETY OFF
Thisform.Caption="部门工资查询表单"
INDEX ON 部门 TO BM UNIQUE
Thisform.Combo1.Rowsourcetype=0
SCAN
```

```
    Thisform.Combo1.Additem(部门)
ENDSCAN
SET INDEX TO
```

- 命令按钮"计算"的 Click 事件代码

```
SUM 基本工资 TO S FOR 部门=ALLTRIM(Thisform.Combo1.Value)
AVERAGE 基本工资 TO V FOR 部门=ALLTRIM(Thisform.Combo1.Value)
Thisform.Text1.Value=S
Thisform.Text2.Value=V
Thisform.Refresh
```

- 命令按钮"退出"的 Click 事件代码

```
Thisform.Release
```

3．设计一个列表框数据转移表单，运行界面如图 1-18 所示。要求两个列表框中的商品名称数据可以相互转移。

【操作提示】

（1）设计界面如图 1-19 所示，在表单中添加标签、2 个列表框（List1，List2）和 4 个命令按钮控件。

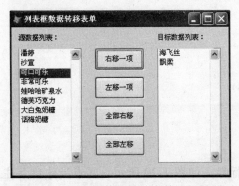

图 1-18　列表框数据转移表单运行界面　　　　图 1-19　列表框数据转移表单设计界面

（2）本题要求商品名称可以在两个列表框间相互转移，因此，列表框中的数据项不能直接与字段绑定，必须通过列表框的 AddItem 方法来添加数据项。

（3）编写事件代码

- 表单的 Init 事件代码

```
This.Caption="列表框数据转移表单"
This.List1.Rowsourcetype=0
This.List1.Rowsource=""
This.List2.Rowsourcetype= 0
This.List2.Rowsource=""
SCAN
    This.List1.Additem(商品名称)
ENDSCAN
```

```
Thisform.List1.Listindex=1
```

● "右移一项"命令按钮的 Click 事件代码

```
Thisform.List2.Additem(Thisform.List1.Value)
Thisform.List1.Removeitem(Thisform.List1.Listindex)
Thisform.Refresh
```

● "左移一项"命令按钮的 Click 事件代码

```
Thisform.List1.Additem(Thisform.List2.Value)
Thisform.List2.Removeitem(Thisform.List2.Listindex)
Thisform.Refresh
```

● "全部右移"命令按钮的 Click 事件代码

```
Thisform.List2.Clear
SCAN
    Thisform.List2.Additem(商品名称)
ENDSCAN
Thisform.List1.Clear
Thisform.Refresh
```

● "全部左移"命令按钮的 Click 事件代码

```
Thisform.List1.Clear
SCAN
    Thisform.List1.Additem(商品名称)
ENDSCAN
Thisform.List2.Clear
Thisform.Refresh
```

4．设计一个球在表单中上下移动表单，运行界面如图 1-20 所示。要求当球自下往上移动到表单的上部时，能够自动改变方向往下移动；当球自上往下移动到表单底部时，能够自动改变方向往上移动。如此往复移动。

【操作提示】

（1）表单设计界面如图 1-21 所示，在表单中添加一个形状（Shape）控件，再添加一个计时器控件。

图 1-20　球在表单中上下移动运行界面

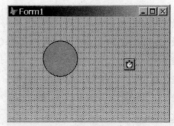

图 1-21　表单设计界面

（2）形状（Shape）控件默认为矩形，将形状（Shape）控件的 Curvature 属性改为 99 可显示圆球。

（3）通过设置形状（Shape）控件的 FillStyle 和 FillColor 属性（或 BackColor 属性），可以给形状（Shape）控件内部填充颜色。

（4）计时器用于控制圆球在表单间的上下移动。为了控制圆球移动的方向，可以给表单新建属性 FX（选主菜单"表单"→"新建属性"→在对话框中输入新属性名称），当 Thisform.FX=.T.时，圆球向下移动；当 Thisform.FX=.T.时，圆球向上移动。

（5）编写事件代码。

- 表单的 INIT 事件代码

```
This.Caption="球上下移动表单"
This.Shape1.Curvature=99
This.Shape1.Fillstyle= 0
This.Shape1.Fillcolor=RGB(0,255,255)
This.Timer1.Enabled=.T.
This.Timer1.Interval=50
```

- 计时器的 TIMER 事件代码

```
IF Thisform.Shape1.Top<=0
    Thisform.FX=.T.
ENDIF
IF Thisform.Shape1.Top>=Thisform.Height-Thisform.Shape1.Height
    Thisform.FX=.F.
ENDIF
IF Thisform.FX=.T.
    Thisform.Shape1.Top=Thisform.Shape1.Top+1
ELSE
    Thisform.Shape1.Top=Thisform.Shape1.Top-1
ENDIF
```

5. 设计一个商品、职工和销售表浏览表单，运行界面如图 1-22 和图 1-23 所示。要求 3 张表分别显示在页框的 3 个页中，通过选项按钮组选择要浏览的表。

图 1-22　表信息浏览表单运行界面 1

图 1-23　表信息浏览表单运行界面 2

【操作提示】

（1）表单设计界面如图 1-24 所示，在表单中添加一个标签控件，再添加一个选项按钮组，并设置为 3 个选项按钮（ButtonCount=3），然后在表单中添加一个页框，并设置为 3 个页（PageCount=3），再打开数据环境，添加商品表、职工表和销售表，并将 3 张表分别拖放到 3 个页上，会自动生成相应的表格控件（grd 商品、grd 职工和 grd 销售）。

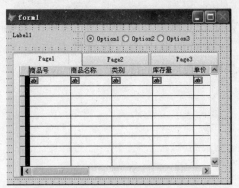

图 1-24　表信息浏览表单设计界面

（2）在表单运行时，可以通过选项按钮组选择不同的表进行浏览，但不能直接在页框中进行选择，并且 3 张表的数据不能修改，所以要设置表格控件为只读。本题主要事件为表单的 Init 事件和选项按钮组的 Click 事件。

（3）编写事件代码。

● 表单的 Init 事件代码

```
This.Caption="浏览表信息表单"
This.Label1.Caption="请选择要浏览的表："
C="商品表职工表销售表"
FOR I=1 TO Thisform.Optiongroup1.Buttoncount
                                    &&设置选项按钮组 3 个按钮的标题
    Thisform.Optiongroup1.Buttons(I).Caption=SUBSTR(C,6*(I-1)+1,6)
ENDFOR
FOR I=1 TO Thisform.Pageframe1.Pagecount    &&设置页框 3 个页的标题
    Thisform.Pageframe1.Pages(I).Caption=SUBSTR(C,6*(I-1)+1,6)
ENDFOR
This.Setall("Readonly",.T.,"Grid")          &&设置表格只读
This.Pageframe1.Visible=.F.
```

● 选项按钮组的 Click 事件代码

```
DO Case
    CASE This.Value=1
        Thisform.Pageframe1.Activepage=1
        Thisform.Pageframe1.Page1.Enabled=.T.
        Thisform.Pageframe1.Page2.Enabled=.F.
        Thisform.Pageframe1.Page3.Enabled=.F.
    CASE This.Value=2
        Thisform.Pageframe1.Activepage=2
        Thisform.Pageframe1.Page1.Enabled=.F.
        Thisform.Pageframe1.Page2.Enabled=.T.
        Thisform.Pageframe1.Page3.Enabled=.F.
    CASE This.Value=3
        Thisform.Pageframe1.Activepage=3
        Thisform.Pageframe1.Page1.Enabled=.F.
```

```
        Thisform.Pageframe1.Page2.Enabled=.F.
        Thisform.Pageframe1.Page3.Enabled=.T.
ENDCASE
Thisform.Pageframe1.Visible=.T.
Thisform.Refresh
```

6. 设计一个商品数据输入表单，运行界面如图 1-25 所示。要求通过"添加"按钮，能够在表格中添加一项商品数据；通过"取消"按钮，能够取消刚添加的商品数据（表单运行前已有的商品数据不能去除）。

【操作提示】

（1）表单设计界面如图 1-26 所示，在表单中添加 1 个表格控件（Grid1）和 3 个命令按钮（Command1，Command2，Command3），在数据环境中添加商品表；

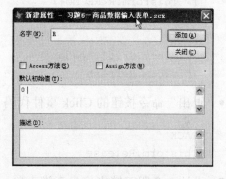

图 1-25　商品数据输入表单运行界面

（2）再为表单新建一个属性 R（如图 1-27 所示），用于保存添加记录前商品表中的最大记录号（为了保证添加记录前的商品表已有记录不能删除）。

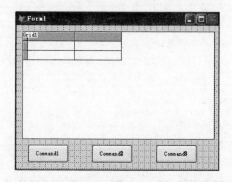

图 1-26　商品数据输入表单设计界面

图 1-27　表单新建属性 R

（3）本题要求通过"添加"按钮实现商品数据的输入，可通过代码 APPEND BLANK 向商品表添加一个记录。"取消"按钮实现将刚添加的商品记录删除，可通过代码 DELETE 来实现。

（4）表单 Init 事件主要包括：在添加记录之前，表格控件只读（Readonly=.T.），不允许添加新记录（AllowddNew=.F.），不能有删除标志（DeleteMark=.F.），并将商品表原记录总数保存到表单新属性 R 中（Thisform.R=RECCOUNT( )）。

（5）编写事件代码。

● 表单 Init 事件代码

```
SET DELETED ON
This.Caption="商品数据输入表单"
Thisform.Grid1.Recordsourcetype= 1
Thisform.Grid1.Recordsource="商品"
Thisform.Grid1.Allowaddnew=.F.
Thisform.Grid1.Readonly=.T.
```

```
Thisform.Grid1.Deletemark=.F.
Thisform.Command1.Caption="添加"
Thisform.Command2.Caption="取消"
Thisform.Command3.Caption="退出"
Thisform.R=RECCOUNT()
```

- "添加"命令按钮的 Click 事件中，为了能够添加新的商品记录，首先要将表格的 Readonly 属性设置为.F.，并通过 APPEND BLANK 命令在表格中添加新的商品数据。
  "添加"命令按钮的 Click 事件代码

```
Thisform.Grid1.Readonly=.F.
APPEND BLANK
Thisform.Grid1.Column1.Text1.SETFOCUS
Thisform.Refresh
```

- 在"取消"命令按钮的 Click 事件处理时，只有符合条件 Thisform.R<RECNO()（表示刚添加的新记录）才能删除。
  "取消"命令按钮的 Click 事件代码

```
IF Thisform.R<RECNO()
   DELETE
ENDIF
Thisform.Grid1.Readonly=.T.
Thisform.Refresh
```

- "退出"命令按钮的 Click 事件代码

```
PACK
Thisform.Release
```

7. 设计一个职工销售信息查询表单，表单运行界面如图 1-28 所示。要求通过命令按钮组实现销售信息的前后浏览。

【操作提示】

（1）表单设计界面如图 1-29 所示，首先在表单中添加多个标签和文本框控件，并设置好标签的标题，再添加一个命令按钮组控件并设置命令按钮数（ButtonCount）属性为 5。

图 1-28　职工销售信息查询表单运行界面

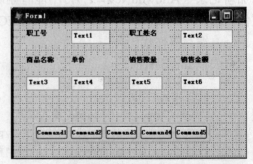

图 1-29　职工销售信息查询表单设计界面

（2）根据表单运行界面可知，显示的销售信息需要同时从 3 张表（职工表、商品表和销售表）获得，为了便于处理，可以利用 SQL 的 SELECT 查询语句将各表中所需要的字段事先提取并保存到一个临时表 ZGXS 中，以其作为信息输出的数据来源。

（3）本题主要事件包括表单的 Init 事件和命令按钮组（CommandGroup1）的 Click 事件。

● 表单 Init 事件代码

```
This.Caption="职工销售信息查询表单"
C="表头前翻后翻表尾退出"
FOR I=1 TO This.Commandgroup1.Buttoncount
    This.Commandgroup1.Buttons(I).Caption=SUBSTR(C,4*(I-1)+1,4)
ENDFOR
SELECT 职工.职工号,姓名,商品.商品号,商品名称,单价,数量,单价*数量 AS 销售金额;
FROM 职工,商品,销售 WHERE 职工.职工号=销售.职工号 AND 商品.商品号=销售.商品号;
INTO CURSOR ZGXS ORDER BY 职工.职工号
SELECT ZGXS
This.Text1.Value=职工号
This.Text2.Value=姓名
This.Text3.Value=商品名称
This.Text4.Value=单价
This.Text5.Value=数量
This.Text6.Value=销售金额
This.Refresh
```

● 命令按钮组（CommandGroup1）的 Click 事件代码

```
DO CASE
   CASE This.Value=1                           &&表头
       GO TOP
       This.Command1.Enabled=.F.
       This.Command2.Enabled=.F.
       This.Command3.Enabled=.T.
       This.Command4.Enabled=.T.
   CASE This.Value=2 AND !BOF()                 &&前翻
       SKIP-1
       IF BOF()
           This.Command1.Enabled=.F.
           This.Command2.Enabled=.F.
       ENDIF
       This.Command3.Enabled=.T.
       This.Command4.Enabled=.T.
   CASE This.Value=3 AND !EOF()                 &&后翻
       SKIP
       IF EOF()
           This.Command3.Enabled=.F.
           This.Command4.Enabled=.F.
       ENDIF
```

```
            This.Command1.Enabled=.T.
            This.Command2.Enabled=.T.
        CASE This.Value=4    &&表尾
            GO BOTTOM
            This.Command1.Enabled=.T.
            This.Command2.Enabled=.T.
            This.Command3.Enabled=.F.
            This.Command4.Enabled=.F.
        CASE This.Value=5    &&退出
            Thisform.Release
    ENDCASE
    Thisform.Text1.Value=职工号
    Thisform.Text2.Value=姓名
    Thisform.Text3.Value=商品名称
    Thisform.Text4.Value=单价
    Thisform.Text5.Value=销售数量
    Thisform.Text6.Value=销售金额
    Thisform.Refresh
```

8. 设计一个商品销售信息查询表单，运行界面如图 1-30 和图 1-31 所示。要求在左边列表框中选择一个商品类别后，在右边的列表框中显示该类商品的相应销售信息。

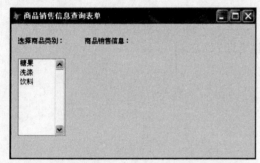

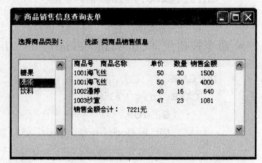

图 1-30　商品销售信息查询表单运行界面 1　　　图 1-31　商品销售信息查询表单运行界面 2

【操作提示】

（1）表单设计界面如图 1-32 所示，在表单中添加两个标签控件和两个列表框控件。

（2）根据表单运行界面可知，列表框 2（List2）中显示的商品销售信息需要同时从两张表（商品表和销售表）中获得，为了便于处理，可以利用 SQL 的 SELECT 查询语句将两表中所需要的字段事先提取并保存到一个临时表 SPXS 中，以其作为信息输出的数据来源。

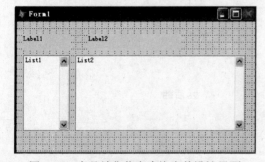

图 1-32　商品销售信息查询表单设计界面

（3）列表框 1（List1）中的商品类别数据可以从商品表中获得，但列表框 1（List1）中的商品类别每类只能显示一个，因此需对商品表中记录进行处理，每类只取一个记录，可以通过对商品表按商品类别建立唯一索引的方法实现。

```
SELECT 商品
INDEX ON 类别 TO SPLB UNIQUE
```

（4）本题主要使用了表单的 Init 事件和列表框 1（List1）的 InteractiveChange 事件。

- 表单的 Init 事件代码

```
This.Caption="商品销售信息查询表单"
This.Label1.Caption="选择商品类别："
This.Label2.Caption="商品销售信息："
SELECT 商品.商品号,商品.商品名称,商品.类别,商品.单价,销售.数量,商品.单价*销售.数量 ;
       AS 销售金额 FROM 商品,销售 WHERE  商品.商品号=销售.商品号;
       INTO TABLE SPXS ORDER BY 商品.商品号
This.List2.Visible=.F.
This.List1.RowsourceType=0
This.List1.Rowsource=""
This.List2.RowsourceType=0
This.List2.Rowsource=""
SELECT 商品
INDEX ON 类别 TO SPLB UNIQUE
SCAN
    Thisform.List1.Additem(类别)
ENDSCAN
```

- 列表框 1（List1）的 InteractiveChange 事件代码

```
Thisform.Label2.Caption=Thisform.List1.Value+" 类商品销售信息"
Thisform.List2.Visible= .T.
Thisform.List2.Clear
Thisform.List2.Additem("商品号  商品名称        单价    数量 销售金额")
S=0
SELECT SPXS
SCAN FOR ALLTRIM(类别)=ALLTRIM(Thisform.List1.Value)
    Thisform.List2.Additem(商品号+商品名称+STR(单价,3)+STR(数量,6);
    +STR(销售金额,9))
    S=S+销售金额
ENDSCAN
Thisform.List2.Additem("销售金额合计："+STR(S,6)+"元")
Thisform.Refresh
```

9. 设计一个销售信息查询表单，运行界面如图 1-33 所示。要求"销售"表、"职工"表和"商品"表间建立临时关联，命令按钮组实现对销售表中记录的前后查阅。

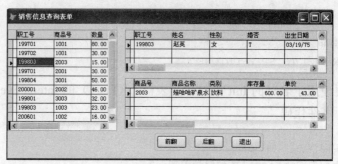

图 1-33　销售信息查询表单运行界面

【操作提示】

（1）表单设计界面如图 1-34 所示，本题需要用到销售表、职工表和商品表，首先在数据环境中添加"销售"表、"职工"表和"商品"表，将数据环境中的 3 张表拖放到表单对应位置。再在表单中添加一个命令按钮组并设置按钮数（ButtonCount）为 3。

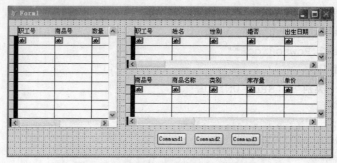

图 1-34　销售信息查询表单设计界面

（2）本题 3 张表间数据相互联系，需要在表间建立临时关联。表间建立临时关联可以通过 SET RELATION 命令建立两表临时关联；也可在数据环境中直接建立两表间临时关联，方法是：

在数据环境中将主表的关键字段拖放到被关联表的对应索引上，这时，两表间会出现一条连线，表示主表与被关联表间建立了临时关联，本题中应将"销售"表中的职工号字段拖到职工表的职工号索引上，将"销售"表中的商品号字段拖到"商品"表的商品号索引上，如图 1-35 所示。

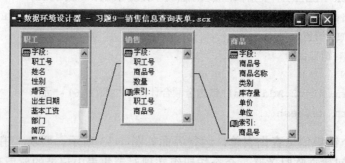

图 1-35　"销售"表与"职工"表、"销售"表与"商品"表建立临时关联

（3）本题主要事件包括表单的 Init 事件和命令按钮组的 Click 事件。

- 表单的 Init 事件代码

```
This.Caption ="销售信息查询表单"
C="前翻后翻退出"
FOR I=1 To Thisform.Commandgroup1.Buttoncount
    Thisform.Commandgroup1.Buttons(I).Caption=Substr(C,4*(I-1)+1,4)
ENDFOR
```

- 命令按钮组的 Click 事件代码

```
SELECT 销售
DO CASE
   CASE This.Value =1
      SKIP -1
      IF BOF()
         GO top
      ENDIF
   CASE This.Value =2
      SKIP
      IF EOF()
         GO bottom
      ENDIF
   CASE This.Value =3
      Thisform.Release
ENDCASE
Thisform.Grd销售.Column1.Text1.Setfocus
Thisform.Refresh
```

第 8 章　查询、视图及报表设计

8.1　判断题

1．查询与视图的作用类似，都是对表中数据按一定要求进行浏览。
【答案】✓

2．在使用查询设计器设计查询时，需要首先添加表，然后才能查询表中的数据。
【答案】✓

3．可以直接通过 SQL 查询语句对单表或多表中的数据进行查询。
【答案】✓

4．视图是一个虚拟的表，但可以像自由表一样独立存在。
【答案】✗

5．视图与查询一样，可以通过自由表或数据库表而创建。
【答案】✗

6．可以通过视图直接对表中数据进行修改。
【答案】✓

7．查询设计器中的"分组依据"选项，在 SQL 的 SELECT 语句中对应的参数是"ORDER BY"。
【答案】✗

8．进入报表设计器后，默认有"页标头"带区、"细节"带区和"页脚注"带区。
【答案】✓

9．在报表设计器中，带区的主要作用是控制数据在页面上的打印位置。
【答案】✓

10．报表的数据源可以是数据库表、自由表和视图。
【答案】✓

8.2　选择题

1．在 Visual FoxPro 中，当一个查询基于多个表时，要求表（　　　）。
　　A．之间不需要有联系　　　　　　　　B．之间必须是有联系的
　　C．之间可以有联系也可以没有联系　　D．之间一定不要有联系
【答案】B

2．查询设计器中的"过滤器/筛选"选项是用于（　　　）。
　　A．编辑连接条件　　　　　　　　　　B．指定排序属性
　　C．指定查询条件　　　　　　　　　　D．指定是否有重复记录
【答案】C

3．在 SQL 查询语句中，WHERE 子句用于（　　　）。
　　A．查询条件　　　B．查询目标　　　　C．查询结果　　　　　D．查询文件

【答案】A

4. 如果要将查询结果直接保存到一个表中，则查询语句中对应的子句是（　　　　）。

　　A．WHERE　　　　　B．FROM　　　　　C．JOIN　　　　　　　D．INTO

【答案】D

5. 下列关于查询的说法正确的是（　　　）。

　　A．查询文件的扩展名为.qpx　　　　　　B．不能基于自由表创建查询

　　C．不能基于视图创建查询　　　　　　　D．可基于数据库表、自由表或视图创建查询

【答案】D

6. 创建的视图会保存在（　　　）。

　　A．数据库　　　　B．自由表　　　　　C．数据环境　　　　D．查询

【答案】A

7. 下列创建报表的方法，正确的是（　　　）。

　　A．使用报表设计器创建报表　　　　　　B．使用报表向导创建报表

　　C．使用快速报表创建报表　　　　　　　D．A，B，C

【答案】D

8. 要能够打印出表或视图中的字段、变量和表达式结果，应在报表设计器中使用（　　　）。

　　A．报表控件　　　　　　　　　　　　　B．域控件

　　C．标签控件　　　　　　　　　　　　　D．图片/Active 绑定控件

【答案】B

9. 对报表进行数据分组后，报表自动包含的带区是（　　　）。

　　A．“细节”带区　　　　　　　　　　　　B．“组标头”和“组脚注”带区

　　C．“标题”、“细节”和“组标头”带区　　D．“细节”和“组标头”带区

【答案】B

10. 要使报表数据能够正确分组，应（　　　）。

　　A．按分组表达式建立索引　　　　　　　B．排序

　　C．无重复记录　　　　　　　　　　　　D．筛选

【答案】A

8.3　填空题

1. 查询设计器生成的是一个扩展名为＿＿＿＿＿＿的文件，可以像程序一样直接执行。

【答案】*.qpr

2. 视图与查询最根本的区别在于：查询只能查阅指定的数据，而视图不但可以查阅数据，还可以＿＿＿＿＿＿，并把＿＿＿＿＿＿送回到源数据表中。

【答案】修改数据；更新后的数据

3. 查询设计器就是利用了＿＿＿＿＿＿语句生成的查询。

【答案】SQL 语句中的 SELECT 查询

4．创建一个报表的方法有_____、_____和_____三种。

【答案】报表向导；快速报表；报表设计器

5．报表设计器的报表控件工具中包括标签控件、_____控件、线条控件、矩形控件、圆角矩形控件和_____控件。

【答案】域；图片/OLE 绑定

8.4 程序设计题

1．用查询设计器设计下列查询。

（1）查询商品表中单价大于等于 50 元的商品。

【操作提示】首先新建一个查询，在"添加表或视图"对话框中选择添加"商品"表，然后在"字段"选项卡中选择需要的字段，再在"过滤器"选项卡中设置查询条件"单价大于等于 50 元"，如图 1-36 所示。

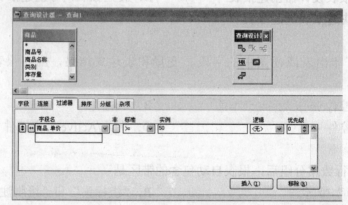

图 1-36 在"过滤器"选项卡中设置查询条件"商品.单价>=50"

（2）查询商品表中的"洗涤"类商品信息。

【操作提示】首先新建一个查询，在"添加表或视图"对话框中选择添加"商品"表，然后在"字段"选项卡中选择需要的字段，再选择"过滤器"选项卡，在其中设置查询条件"商品.类别="洗涤""，如图 1-37 所示。

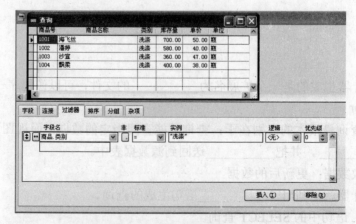

图 1-37 在"过滤器"选项卡中设置查询条件"商品.类别="洗涤""

（3）查询职工表中在"直销"部门的已婚职工信息。

【操作提示】首先新建一个查询，在"添加表或视图"对话框中选择添加"职工"表，然后在"字段"选项卡中选择需要的字段，再在"过滤器"选项卡中设置两个查询条件，用"AND"进行连接："职工.部门="直销""AND"职工.婚否=.T."，如图 1-38 所示。

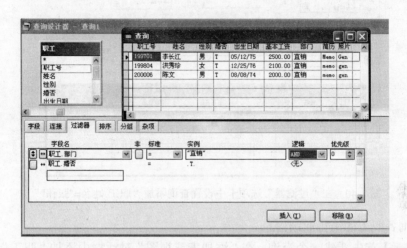

图 1-38　在"过滤器"选项卡中设置查询条件"职工.部门="直销""AND"职工.婚否=.T."

（4）查询职工"张伟"的销售数据。

【操作提示】首先新建一个查询，在"添加表或视图"对话框中添加"职工"表、"销售"表和"商品"表，然后在"字段"选项卡中选择需要的字段，再在"字段"选项卡的"函数和表达式"框的表达式生成器中设置表达式"商品.单价*销售.销售数量 AS 销售金额"，并将该表达式添加到"已选择字段"，如图 1-39 所示，然后，再在"过滤器"选项卡中设置查询添加"职工.姓名="张伟""，如图 1-40 所示。

图 1-39　在表达式生成器中设置表达式

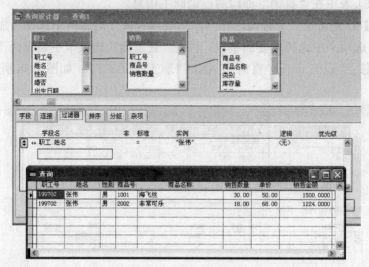

图 1-40　在"过滤器"选项卡中设置查询添加"职工.姓名="张伟""

（5）查询各职工的销售业绩信息。

【操作提示】首先新建一个查询，在"添加表或视图"对话框中添加"职工"表、"销售"表和"商品"表，然后在"字段"选项卡中选择需要的字段，再在"字段"选项卡的"函数和表达式"框的表达式生成器中设置表达式"商品.单价*销售.销售数量 AS 销售金额"，并将该表达式添加到"已选择字段"，如图 1-41 所示。

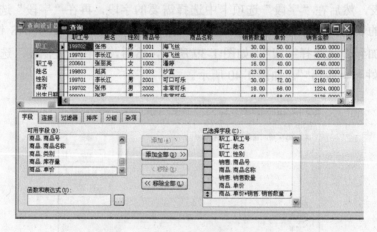

图 1-41　查询各职工的销售业绩信息

2. 设计一个视图，要求符合"已婚"并且 1975 年以后出生的职工。

【操作提示】首先打开"营销"数据库，在数据库设计器下的"数据库设计器"工具按钮中选"新建本地视图"按钮（或在主菜单"数据库"下选择"新建本地视图"操作命令）进入"视图设计器"，在弹出的"添加表或视图"对话框中添加"职工"表，然后，在"字段"选项卡中选择所需的字段，再选择"过滤器"选项卡，设置筛选条件："职工.婚否=.T." AND "职工.出生日期>{^1975-01-01}"，如图 1-42 所示。

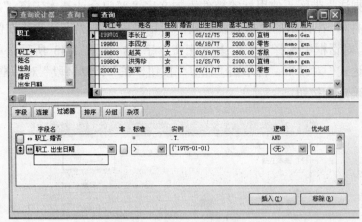

图 1-42　设置视图的筛选条件

3．使用报表向导，设计一个商品信息报表。

【操作提示】

（1）新建报表，选择"向导"选项，在"向导选取"对话框中选择"报表向导"。

（2）在"数据库和表"框中选择商品表，并选择需要的字段。

（3）在"步骤 3－选择报表样式"中选择一个报表样式。

（4）在"步骤 4－定义报表布局"中设置报表按列布局还是按行布局。

（5）在"步骤 5－排序记录"中选择一个字段作为排序依据。

（6）在"步骤 6－完成"中可单击"预览"按钮查看自动生成的报表是否符合要求，如果满意可保存报表，不满意可返回进行修改。

4．使用报表设计器，设计一个职工信息报表，要求职工按部门进行分组，并提供各部门的基本工资合计数。

【操作提示】

（1）新建报表，选择"新建文件"选项，进入报表设计器。

（2）在"报表设计器"中右击鼠标，在快捷菜单中选择"数据环境"选项，添加职工表。

（3）在主菜单"报表"下选择"标题/总结"选项，给报表增加"标题"带区，并使用标签控件添加报表标题，同时可设置其字体。

（4）在"页标头"带区，使用标签控件添加页标头，同时可设置字体。

（5）选择数据环境中的职工表，将表中字段拖放到"细节"带区，并可调整其位置。

（6）在"页标头"和"细节"带区，使用"报表控件"工具框中的"线条"控件，给报表画上表格线。为了保持线段长度一致，可以使用线段的复制和粘贴功能。可以拖动"页标头"带区和"细节"带区，使表格线间没有空隙。

（7）给"职工"表按部门建立索引（可在表设计器中建立索引），在报表设计器的数据环境下右击鼠标，在快捷菜单中选择"属性"选项，在属性窗口，选择 Cursor1 对象的"数据"选项，在"Order"属性中选择部门作为主控索引。

（8）在主菜单"报表"下，选择"数据分组"选项，添加"组标头"和"组脚注"带区。

（9）在"组脚注"带区，使用标签控件添加文字"部门合计基本工资："，再在文字旁边添加一个"域控件"，在弹出的"报表表达式"对话框中单击"表达式"右侧的按钮，再在"表达式生成器"对话框中选择"职工.基本工资"字段，如图 1-43 所示，单击"确定"按钮返回"报表表达式"对话框，再单击"计算"按钮，在"计算字段"对话框中选择"总和"选项，再单击"确定"按钮。

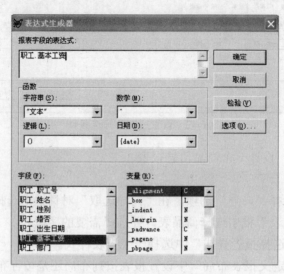

图 1-43　在"表达式生成器"对话框中选择"职工.基本工资"字段

（10）使用"线条"控件给"组脚注"带区画上相应的线段。最后，在"总结"带区添加"工资总额："文字和工资总额计算的域控件。具体报表设计界面如图 1-44 所示，生成的报表预览如图 1-45 所示

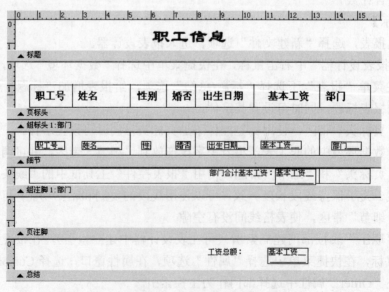

图 1-44　报表设计界面

职工信息

职工号	姓名	性别	婚否	出生日期	基本工资	部门
199803	赵英	女	.T.	03/19/75	2600.00	客服
200005	孙学华	女	.F.	02/17/75	2300.00	客服
				部门合计基本工资：	4900.00	
199702	张伟	男	.F.	06/23/76	2300.00	零售
199801	李四方	男	.T.	06/18/77	2000.00	零售
200001	张军	男	.T.	05/11/77	2200.00	零售
200601	张丽英	女	.F.	04/23/82	1500.00	零售
				部门合计基本工资：	8000.00	
199701	李长江	男	.T.	05/12/75	2500.00	直销
199804	洪秀珍	女	.T.	12/25/76	2100.00	直销
200006	陈文	男	.T.	08/08/74	2000.00	直销
200602	王强	男	.F.	10/23/83	1500.00	直销
				部门合计基本工资：	8100.00	
				工资总额：	21000.00	

图 1-45　预览设计好的报表

第 9 章　应用程序的管理及编译

9.1　判断题

1．在执行菜单文件时，菜单扩展名".mpr"可以省略。

【答案】×

【分析】执行菜单文件和程序文件都是使用 DO <文件名>，当执行菜单文件时，必须加扩展名".mpr"，以便与普通程序文件相区别。

2．菜单中的每一个菜单项必须手动定义。

【答案】×

【分析】在菜单设计器中，可以使用插入栏插入系统已定义好的菜单项目。

3．表单中使用的菜单必须选中"项层表单"选项。

【答案】×

【分析】如果表单作为顶层表单使用，其中的菜单必须选中"顶层表单"选项。

4．应用系统的主文件必须是程序文件。

【答案】×

【分析】应用系统的主文件可以是程序文件或表单文件，通常使用程序文件作为主文件。

5．应用程序编译并发布后可以脱离 Visual FoxPro 系统运行。

【答案】√

6．发布应用程序是指将应用程序放到互联网上供用户下载。

【答案】×

【分析】发布应用程序是将应用程序的文件和系统相关文件制作成安装文件的过程。

9.2　选择题

1．假定已生成了名为 MyMenu 的菜单文件，则执行该菜单文件的命令是（　　）。

    A．DO MyMenu　　　　　　　　　　　B．DO MyMenu.mpr

    C．DO MyMenu.pjx　　　　　　　　　　D．DO MyMenu.mnx

【答案】B

【分析】执行菜单文件必须加扩展名".mpr"，而项目文件".prj"和菜单文件".mnx"是不能执行的。

2．在菜单设计中，如果要定义菜单分组，则应该在"菜单名称"项中输入（　　）。

    A．|　　　　　　　　B．-　　　　　　　　C．\-　　　　　　　　D．C

【答案】C

3．为了从用户菜单返回到系统菜单，应该使用的命令是（　　）。

    A．SET DEFAULT TO SYSTEM　　　　　B．SET MENU TO DEFAULT

　　C．SET SYSTEM TO DEFAULT　　　　　D．SET SYSMENU TO DEFAULT

【答案】C

4．在系统运行时，主菜单所起的作用是（　　　）。

　　A．运行程序　　　B．打开数据库　　　C．调度整个系统　　　D．浏览表单

【答案】C

9.3　填空题

1．在 Visual FoxPro 中进行菜单设计时，菜单有两种，即一般菜单和_____菜单。

【答案】快捷

2．快捷菜单实质上是一个弹出式菜单，要将某个弹出式菜单作为一个对象的快捷菜单，通常是在对象的_____事件代码中添加调用弹出式菜单程序的命令。

【答案】RightClick

3．若要定义当前菜单的公共过程代码，应使用_____菜单中的"菜单选项"对话框。

【答案】显示

9.4　程序设计题

1．设计一个"职工信息管理"系统菜单，主菜单结构如表 1-13 所示。

表 1-13　设计一个系统菜单

主 菜 单 名	子 菜 单 名	命　　　　　令	说明及要求
数据输入	职工信息输入	DO FORM ZGXX.scx	快捷键：Ctrl+E
	部门信息输入	DO FORM BMXX.scx	
数据编辑	复制		系统菜单项
	剪切		系统菜单项
	粘贴		系统菜单项
查询统计	职工信息查询	DO FORM ZGCX.scx	快捷键：Ctrl+Q
	职工信息统计	DO FORM ZGTJ.scx	快捷键：Ctrl+C
报表输出	职工统计表	REPORT FORM ZGTJ.frx PREVIEW	
退出		QUIT	快捷键：Ctrl+W

【操作提示】

　　新建菜单文件 MYMENU.mnx，在菜单设计器中按上表输入菜单信息，可参考教材 9.1.2 节的内容。其中复制、剪切和粘贴使用"插入栏"的方式插入。

2．设计一个顶层表单，将上题中的菜单加载到表单中。

【操作提示】

①　打开上题菜单，在"常规选项"对话框中选中"顶层表单"复选框，保存后生成菜单程序文件。

②　新建表单，将表单的 ShowWindow 属性值设置为 2，使其成为顶层表单。

③　在表单的 Init 事件中添加调用菜单程序的命令：

```
DO MYMENU.mpr WITH THIS, "MYMENU"
```

④ 在表单的 Destroy 事件代码中添加清除菜单的命令：

```
RELEASE MENUS "MYMENU" EXTENDED
SET SYSMENU TO DEFAULT
```

3. 创建一个 Visual FoxPro 项目，将菜单和表单添加到项目中，结合前面所学完成系统的开发，并编译成独立于 Visual FoxPro 系统的可执行程序。

【操作提示】

① 新建项目，将菜单文件添加到项目中。

② 分别创建表单及报表。

③ 新建主程序。

④ 编译应用系统。

4. 将第 3 题中的应用程序制作成单一文件的安装程序。

【操作提示】

发布程序过程可参考教材 9.3.3 节内容。

第 2 部分　实验程序设计题参考解答

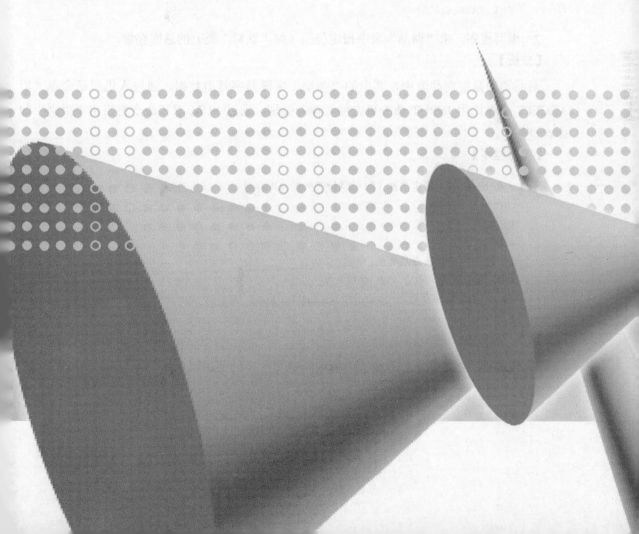

实验 4.1　顺序与选择程序设计

1. 编写程序，计算下列表达式的值，其中变量 X，Y，Z 的值由键盘输入。

$$(|Y-Z|+SIN30° +Ln|XY|)e^{|X+Y|}$$

【分析】

本题主要是帮助用户正确掌握计算机表达式的正确书写方法，以及绝对值、正弦、自然对数、e 指数等函数的写法，注意计算机的表达式与数学表达式的不同点。

【参考程序】

```
*计算表达式(|Y-Z|+SIN30° +LN|XY|)e^|X+Y| 的值
SET TALK OFF
CLEAR
INPUT "X=" TO X
INPUT "Y=" TO Y
INPUT "Z=" TO Z
?(ABS(Y-Z)+SIN(30*PI()/180)+LOG(X*Y))*EXP(ABS(X+Y))
SET TALK ON
```

2. 编写程序，求"商品"表中指定类别（如"饮料"类）的总库存量。

【分析】

商品类别是在商品表中，其中的"类别"字段是字符型数据，通过人机对话命令（用 ACCEPT 命令比用 INPUT 命令更方便）输入类别，通过 SUM 求和命令将指定"类别"的库存量汇总。

【参考程序】

```
*求"商品"表中指定类别（如"饮料"类）的总库存量
SET TALK OFF
CLEAR
USE 商品
ACCEPT "请输入商品类别:" TO LB
SUM 库存量 TO KCL FOR 类别=LB
?LB+"类的总库存量为:"+ALLTRIM(STR(KCL,19,2))
USE
SET TALK ON
```

3. 编写程序，计算下列表达式的值，其中变量 X 的值由键盘输入。

$$Y = \begin{cases} 3e^X + X + 100 & X > 5 \\ 5X^2 + Ln|X| & X = 5 \\ 10X + 5 & X < 5 \end{cases}$$

【分析】

本题可以用 IF-ENDIF 两路分支嵌套实现，也可以使用 DO CASE 结构的多路分支实现，但使用多路分支结构更加清晰。

【参考程序】

```
*求解分段函数
SET TALK OFF
CLEAR
INPUT "X=" TO X
DO CASE
    CASE X>5
        Y=3*EXP(X)+X+100
    CASE X=5
        Y=5*X*X+LOG(ABS(X))
    CASE X<5
        Y=10*X+5
ENDCASE
?"Y="+ALLTRIM(STR(Y,19,2))
USE
SET TALK ON
```

4. 编写程序，要求从键盘输入一个自然数（0～9），将其转换成中文大写数字（零～玖）。

【分析】

本题可以用 INPUT 语句从键盘输入一个自然数，根据该输入值，通过 DO CASE 结构确定对应的中文数字，也可以通过字符串截取的方式实现转换。

【参考程序】

方法 1：

```
*求从键盘输入一个自然数（0～9），将其转换成中文大写数字（零～玖）
SET TALK OFF
CLEAR
INPUT "X=" TO X
DO CASE
    CASE X=0
        C="零"
    CASE X=1
        C="壹"
    CASE X=2
        C="贰"
    CASE X=3
        C="叁"
    CASE X=4
        C="肆"
    CASE X=5
```

```
              C="伍"
      CASE X=6
              C="陆"
      CASE X=7
              C="柒"
      CASE X=8
              C="捌"
      CASE X=9
              C="玖"
      OTHERWISE
              C="输入错！！"
   ENDCASE
   ?STR(X,1)+"--->"+C
   SET TALK ON
```

方法 2：

```
   *求从键盘输入一个自然数（0～9），将其转换成中文大写数字（零～玖）
   SET TALK OFF
   CLEAR
   C="零壹贰叁肆伍陆柒捌玖"
   INPUT "X=" TO X
   Y=SUBSTR(C,2*X+1,2)
   ?STR(X,1)+"--->"+Y
   SET TALK ON
```

5. 编写程序，要求从键盘输入数据 A（可以是 C，D，N，L，Y 等多种数据类型），通过类型判断，输出其数据类型的汉字说明（如 A 的值为"good"，输出为：good→字符型数据）。

【分析】

由于 ACCEPT 和 WAIT 语句只能输入字符型数据，而 INPUT 语句可以输入多种数据类型，所以根据 INPUT 语句接收变量值，通过 VARTYPE 或 TYPE 函数可以判断输入变量的数据类型，通过 DO CASE 结构将判断的结果输出。应当注意 VARTYPE 与 TYPE 函数的使用方法与区别。

【参考程序】

```
   *求从键盘输入数据，输出其数据类型的汉字说明
   SET TALK OFF
   CLEAR
   INPUT "请输入数据：" TO X
   Y=VARTYPE(X)
   DO CASE
      CASE Y="C"
              ?X,"-->字符型"
      CASE Y="N"
              ?X,"-->数值型"
```

```
        CASE Y="L"
            ?X,"-->逻辑型"
        CASE Y="D"
            ?X,"-->日期型"
        CASE Y="Y"
            ?X,"-->货币型"
        CASE Y="U"
            ?X,"-->未定义"
    ENDCASE
    SET TALK ON
```

6. 给定一个年份（从键盘输入），判断它是否是闰年。闰年的条件是：能被 4 整除但不能被 100 整除，或能被 100 整除且能被 400 整除。

【分析】

通过 INPUT 语句可以输入日期型变量，通过 INT，MOD 函数或整除符%可以判断整除，注意关系运算符和逻辑运算符执行的优先顺序。

【参考程序】

```
    *判断闰年
    SET TALK OFF
    CLEAR
    INPUT "请输入年份：" TO Y
    IF (INT(Y/4)=Y/4 AND INT(Y/100)<>Y/100) OR (INT(Y/100)=Y/100 AND;
        INT(Y/400)=Y/400)
    *或写成 IF (MOD(Y,4)=0 AND MOD(Y,100)<>0) OR (MOD(Y,100)=0 AND;
        MOD(Y,400)=0)
    *或写成 IF (Y%4=0 AND Y%100<>0) OR (Y%100=0 AND Y%400=0)
        ?Y,"是闰年"
    ELSE
        ?Y,"不是闰年"
    ENDIF
    SET TALK ON
```

7. 编写程序，要求从键盘输入职工工作业绩考评分数（0～100 分），将其转换成对应的中文输出（分为 5 档：≥90 分为优秀，80～89 分为良好，70～79 分为中等，60～69 分为合格，60 分以下为不合格）。

【分析】

通过 INPUT 人机对话语句输入考评分数，用 DO CASE 多路分支结构实现分数档次的判断，注意判断的次序，例如，不能先判断 CASE X>=60。如果不考虑分数的次序，可以写 CASE X>=90 AND X<=100 等。

【参考程序】

```
    *分段业绩考评
    SET TALK OFF
```

```
CLEAR
INPUT "请输入职工表现的得分（0-100）:"TO X
DO CASE
    CASE X>=90
        DC="优秀"
    CASE X>=80
        DC="良好"
    CASE X>=70
        DC="中等"
    CASE X>=60
        DC="合格"
    CASE X<60
        DC="不合格"
ENDCASE
?STR(X,3)+"分--"+DC
SET TALK ON
```

实验 4.2　循环结构程序设计

1. 编写程序：求 $X + X^2 + X^3 + X^4 + \ldots + X^N$ 的值。N，X 从键盘输入。要求用 DO WHILE-ENDDO 和 FOR-ENDFOR 两种方法实现。

【分析】

这是一个实现表达式累加和的问题。因为有 N 项表达式累加，所以要循环 N 次，同时要设一个记录累加和的中间变量 S，其初值为零，第 1 次循环是 1*X，第 2 次是 X*X，第 3 次是 X^2*X，…，第 N 次是 $X^{N-1}*X$，设一个中间变量 T 记录每次循环的累乘值，设其初值为 1，每次循环将累乘的 T 累加到 S，循环 N 次完成计算，最后输出 S 值。

【参考程序】

方法 1：

```
求 X 的 N 次方的累加和
SET TALK OFF
CLEA
INPUT "N=" TO N
INPUT "X=" TO X
T=1
S=0
FOR I=1 TO N
    T=T*X
    S=S+T
ENDFOR
?"S=",S
SET TALK OFF
```

方法 2：

```
*求 X 的 N 次方的累加和
SET TALK OFF
CLEA
INPUT "N=" TO N
INPUT "X=" TO X
T=1
S=0
I=1
DO WHILE I<=N
    T=T*X
    S=S+T
    I=I+1
ENDDO
?"S=",S
SET TALK OFF
```

2. 编写程序，求 1+2+3+…+M 的累加和不大于 10^3 的临界值 M。

【分析】

这同样是一个求解表达式累加和的问题，但求解的目标不是累加和，而是累加次数 M。因为循环次数不知道，所以不能使用 FOR-ENDFOR 循环结构，而应当使用非固定循环次数的 DO WHILE-ENDDO 结构。其中 10^3 作为循环的结束条件，但应当注意的是，当循环结束时，M 多加了一个 1，并且此时的 S 值是大于 10^3 时的 M，所以 M 还要再减 1。所以输出时 M 应当减 2，这样得到的才是使 S 不大于 10^3 的最大 M。

【参考程序】

```
*求 1+2+3+…+M 的累加和不大于 1000 的临界值 M
SET TALK OFF
CLEAR
M=1
S=0
DO WHILE S<=1000
    S=S+M
    M=M+1
ENDDO
?M-2
SET TALK ON
```

3. 编写程序，反复判定从键盘输入的一个年份是否为闰年，直到用户选择退出为止。

【分析】

我们已经知道如何判断键盘输入的一个日期是否为闰年，如果需要反复输入并判断，则可以引入永真循环，通过 WAIT 语句实现人机对话，确定是否从循环体中用 EXIT 退出。

【参考程序】

```
SET TALK OFF
CLEAR
DO WHILE .T.
    INPUT "请输入年份：" TO Y
    IF (INT(Y/4)=Y/4 AND INT(Y/100)<>Y/100) OR (INT(Y/100)=Y/100 AND;
    INT(Y/400)=Y/400)
    *或写成 IF (MOD(Y,4)=0 AND MOD(Y,100)<>0) OR (MOD(Y,100)=0 AND;
    MOD(Y,400)=0)
    *或写成 IF (Y%4=0 AND Y%100<>0) OR (Y%100=0 AND Y%400=0)
        ?Y,"是闰年"
    ELSE
        ?Y,"不是闰年"
    ENDIF
    WAIT "继续吗（Y/N?)" TO YN
    IF UPPER(YN)<>"Y"
        EXIT
```

```
        ENDIF
    ENDDO
    SET TALK ON
```

4. 编写程序：显示输出正整数 M（从键盘输入）内的偶数及偶数和。

【分析】

可以通过 INPUT 语句输入正整数 M，然后使 I 从 1 至 M 变化，用 I/2=INT(I/2)，MOD(I,2)=0 或 I%2=0 判断 M 中的 I 是否为偶数，如果是，则将其输出，并同时累加到变量 S，循环结束再输出偶数和 S。

【参考程序】

```
*输出正整数 M 内的偶数及偶数和
SET TALK OFF
CLEAR
INPUT "M=" TO M
S=0
I=1
DO WHILE I<=M
    IF I/2=INT(I/2)&&MOD(I,2)=0 或 I%2=0
        ?I,"是偶数"
        S=S+I
    ENDIF
    I=I+1
ENDDO
?"偶数和为:",S
SET TALK OFF
```

5. 要求用循环语句编写程序，显示输出"职工"表中基本工资大于 2000 元的姓名、部门、性别和基本工资等数据。

【分析】

原本可以使用 LIST 等显示命令直接完成本题，但题目要求通过循环语句实现，因此，可以使用带条件的 SCAN 表循环语句完成。

【参考程序】

```
*显示输出"职工"表中基本工资大于 2000 元的姓名、部门、性别、基本工资等数据
SET TALK OFF
CLEAR
USE 职工
SCAN FOR 基本工资>2000
    ?姓名，部门，性别，基本工资
ENDSCAN
USE
SET TALK ON
```

6. 利用表设计器在销售表中增加一个"档次"字段（C，6），然后利用表循环结构编写程序，根据每个职工的总销售金额给出 5 档业绩评价：优（≥6000），良（≥4000），中（≥

实验 4.3　循环嵌套结构程序设计

1．编写程序，求当 1！+3！+5！+…+N！的值不超过 10^{20} 时的临界值及 N 的值。

【分析】

这是一个求解累加和的问题，但每次累加是阶乘，所以我们可以用外循环控制累加的次数，而用内循环计算 1！，3！，5！等阶乘，由于外循环的循环次数为所求（不知道），所以应当采用 DO WHILE 循环结构。用 S<1E20 作为循环条件，当累加和 S 大于该值时循环结束。而此时的循环次数 N 多加了 2，并且此时的累加和是大于 10^{20} 的，而不大于该值的 N 还应当再减 2。因此输出的 N 应当减 4。

【参考程序】

```
SET TALK OFF
CLEAR
S=0
N=1
DO WHILE S<1E20
    T=1
    FOR I=1 TO N
        T=T*I
    ENDFOR
    S=S+T
    N=N+2
ENDDO
?"N=",N-4
SET TALK ON
```

2．编写程序，求 1～300 之间所有的完数。

完数定义：如果一个数除本身之外的所有因子之和等于自己，则这个数就是完数。如 6=1+2+3，6 是完数；8<>1+2+4，8 不是完数。

【分析】

首先我们解决判断一个数是否为完数的问题，然后再使这个数从 1 至 300 变化，判断其中的所有完数。判断某个数 M 是否为完数，先要找出该数中的所有因子，并累加求和，也就是通过循环使 M 被 1 至 M−1 的所有自然数整除，能够整除的数就是 M 的因子，把这些因子累加起来，如果所有因子之和 S 等于该数 M，M 就是完数，否则不是完数。

【参考程序】

```
SET TALK OFF
CLEA
FOR M=1 TO 300
    S=0              &&注意位置
    FOR I=1 TO M-1
```

```
            IF M/I=INT(M/I)
                S=S+I
            ENDIF
        ENDFOR
        IF S=M
            ?M,"是完数"
        ENDIF
    ENDFOR
    SET TALK OFF
```

3. 编写程序，显示输出如图 2-2 所示的图形。

【分析】

对于二维的图形输出问题，通常用外循环控制输出的行数，内循环控制每行输出的个数，同时在每行输出时还要考虑输出的起始位置。本题每行空出的位置是随着行的增加而增加的，打印的个数随着行的增加而减少。

```
*********
*******
*****
***
*
```

图 2-2　输出图形

【参考程序】

方法 1：

```
SET TALK OFF
CLEAR
FOR I=1 TO 5
    ?SPACE(I)
    FOR J=1 TO 11-2*I
        ??"*"
    ENDFOR
ENDFOR
SET TALK ON
```

方法 2：

```
SET TALK OFF
CLEAR
FOR I=5 TO 1 STEP -1
    ?SPACE(6-I)
    FOR J=1 TO 2*I-1
        ??"*"
    ENDFOR
ENDFOR
SET TALK ON
```

4. 编写程序，显示输出如图 2-3 所示的九九乘法表。

【分析】

本题也是二维图形的输出问题，不同的是这里输出的是一个表达式。为使输出格式美观，采用字符串连接的方式输出表达式。

```
1*1= 1
2*1= 2      2*2= 4
3*1= 3      3*2= 6      3*3= 9
4*1= 4      4*2= 8      4*3=12      4*4=16
5*1= 5      5*2=10      5*3=15      5*4=20      5*5=25
6*1= 6      6*2=12      6*3=18      6*4=24      6*5=30      6*6=36
7*1= 7      7*2=14      7*3=21      7*4=28      7*5=35      7*6=42      7*7=49
8*1= 8      8*2=16      8*3=24      8*4=32      8*5=40      8*6=48      8*7=56      8*8=64
9*1= 9      9*2=18      9*3=27      9*4=36      9*5=45      9*6=54      9*7=63      9*8=72      9*9=81
```

图 2-3　　九九乘法表

【参考程序】

```
SET TALK OFF
CLEAR
I=1
DO WHILE I<=9
    J=1
    DO WHILE J<=I
        ??STR(I,1)+"*"+STR(J,1)+"="+STR(I*J,2)+"    "
        J=J+1
    ENDDO
    ?
    I=I+1
ENDDO
SET TALK ON
```

```
部门      姓名      基本工资
*******************************
客服    赵英      2600.00
        孙学华    2300.00
        合计              4900.00
零售    张伟      2300.00
        李四方    2000.00
        张军      2200.00
        张丽英    1500.00
        合计              8000.00
直销    李长江    2500.00
        洪秀珍    2100.00
        陈文      2000.00
        王强      1500.00
        合计              8100.00
```

图 2-4　显示部门工资信息

5. 统计显示"职工"表中各部门基本工资的明细及合计数。输出格式如图 2-4 所示。

【分析】

由于"职工"表中所有部门混放在一起，要解决这个问题，首先必须利用索引将相同的部门排列在一起，用外循环使表的所有记录参与统计，用内循环输出某一部门职工的工资，并统计该部门的工资合计数。

【参考程序】

```
SET TALK OFF
CLEAR
USE 职工
INDEX ON 部门 TO IBM
?"部门      姓名      基本工资"
?"***************************"
DO WHILE .NOT. EOF()
    bm=部门        &&提取部门号
    STORE 0 TO bmhj
    ?部门
    DO WHILE 部门=bm
        bmhj=bmhj+基本工资
        ??SPACE(4)+姓名,基本工资
        SKIP
        ?SPACE(5)
    ENDDO
```

```
      ??SPACE(4)+"合计"+STR(bmhj,19,2)
   ENDDO
   USE
   SET TALK ON
```

6. 利用循环嵌套控制结构，实现"百钱买百鸡"的计算（取自《算经》："鸡翁一，值钱五；鸡母一，值钱三；鸡雏三，值钱一。百钱买百鸡，问鸡翁、母、雏各几何？）

【分析】

求解该问题，可以先列出方程式，设鸡翁为 X，鸡母为 Y，鸡雏为 Z，则购买 3 种鸡的钱合计刚好是 100 元，即 $5*X+3*Y+Z/3=100$，而 3 种鸡的合计数也是 100，即 $X+Y+Z=100$，这里只有两个方程，如何求解 3 个变量呢？可以采用"穷举法"，将 X，Y，Z 有效范围的可能取值逐一代入方程，X 最多只能是 20，循环控制取值为 0~20，而 Y 最多只能是 33 只，循环控制取值为 0~33；而鸡雏则可以通过前面的方程推算出来。

【参考程序】

```
   SET TALK OFF
   CLEAR
   FOR X=0 TO 20
     FOR Y=0 TO 33
       Z=100-X-Y
       IF 5*X+3*Y+Z/3=100
         ?"X="+STR(X,2),"Y="+STR(Y,2),"Z="+STR(Z,2)
       ENDIF
     ENDFOR
   ENDFOR
   SET TALK ON
```

7*. 编写程序：勾股定理中 3 个数的关系为 $c^2=a^2+b^2$。显示输出 a，b，c 均在 10 以内的所有满足上述关系的整数组合。

【分析】

a，b，c 在 10 以内的取值分别为 1~10，当 a，b，c 分别取值的同时，只要满足 $c^2=a^2+b^2$ 条件，则输出此时 a，b，c 的值。因此，可以通过 3 重循环，使 a，b，c 分别从 1~10 变化，找出满足 $c^2=a^2+b^2$ 条件的 a，b，c 即可。

【参考程序】

```
   SET TALK OFF
   CLEAR
   FOR A=1 TO 10
       FOR B=1 TO 10
           FOR C=1 TO 10
               IF C*C=A*A+B*B    &&判断是否满足勾股定理
                   ?A,B,C
               ENDIF
           ENDFOR
       ENDFOR
   ENDFOR
   SET TALK ON
```

实验 4.4　过程文件与自定义函数

1. 用过程文件的形式编写程序，求 1！+3！+5！+…+N！的值，N 从键盘输入，阶乘计算用过程。

【分析】

这是一个求解多项表达式累加和的问题，应当设中间变量 S 来记录累加和，N 决定了循环累加阶乘的次数及每次阶乘的取值，而每次阶乘的计算通过一个子程序来完成。应当注意主程序与子程序之间的参数传递问题。

【参考程序】

```
SET TALK OFF
CLEAR
INPUT "N=" TO N
S=0
C=""
FOR J=1 TO N STEP 2
    T=1                      &&T 在主程序定义，可以带到子程序并将结果带回
    DO SUB WITH J            &&带参子程序调用
    S=S+T
    C=C+ALLT(STR(J,19))+"!+"
ENDFOR
?LEFT(C,LEN(C)-1)+"="+ALLT(STR(S,19,2))
SET TALK ON
PROCEDURE SUB
PARAMETERS X
FOR I=1 TO X
    T=T*I
ENDFOR
RETURN
ENDPROC
```

2. 编写自定义函数，判断 X 是否是素数，返回结果为逻辑值.T.或.F.。

【分析】

除 1 和本身以外不能被其他数整除的自然数，叫质数，所有奇数的质数叫素数。通过 PARAMETERS 接收函数的自变量，判断接收的值是否为素数，如果是素数，则返回素数的信息。

【参考程序】

```
PARAMETERS M
FOR N=2 TO M-1          &&根据数学上的推理，循环终值也可以是 SQRT（X）
    IF M/N=INT(M/N)     &&或 MOD(M,2)=0 或 M%2=0
        EXIT           &&能够整除退出循环
    ENDIF
```

```
ENDFOR
IF N>M-1                     &&或 N=M，超出终值说明都不能整除
    RETURN .T.
ELSE
    RETURN .F.
ENDIF
```

3. 编写程序，要求利用参数传递和过程文件求解(M! + N!)÷((M − N)!+ M^N + M^M)
的值。M，N 从键盘输入，且 M>N，要求使用子程序和过程文件两种方式实现。

【分析】

求解的表达式中含有多个阶乘和指数幂项,所以可以编写通用的求解阶乘和指数幂的子
程序,再将不同的参数传递,完成表达式的计算。

【参考程序】

```
*求解(M!+N!)/(((M-N)!+M^N+M^M)
SET  TALK OFF
CLEAR
INPUT "M=" TO M
INPUT "N=" TO N
MJ=M
DO JC WITH MJ &&MJ 是引用，传给子程序中的 X，X 发生变化，使 MJ 也变化并将结果带出
NJ=N
DO JC WITH NJ
MNJ=M-N
DO JC WITH MNJ
MN=N
DO MC WITH M,MN &&MN 是引用，传给子程序中的 Y，Y 发生变化，使 MN 也变化并将结果带出
DO MC WITH M,M
?(MJ+NJ)/(MNJ+MN+M)
SET TALK ON
PROCEDURE  JC
PARAMETERS  X
T=1
FOR I=1 TO X
    T=T*X
ENDFOR
X=T
RETURN
PROCEDURE  MC
PARAMETERS  X,Y
T=1
FOR J=1 TO Y
    T=T*X
ENDFOR
Y=T
RETURN
```

4．编制自定义函数，实现将任意一个正整数分解为其最小因子的连乘式。如 8=2*2*2。

【分析】

依据数学概念，除 1 和本身以外不能被其他数整除的自然数，叫质数。一个数 X 的所有质数因子一定在 2～X（更确切地说是 SQRT（X））之间。因此我们利用循环 I 在上述区域逐个找出因子。这里关键有两点：一是找出第 1 个因子 I 后，循环的终值要变为 X/I；二是 I 还可能是该数的质数因子，如上面 8 的质数因子是 2，2，2，所以需要将 I 减 1 以抵消 FOR 语句中隐含的步长，这样才能再检查上一次的 I 是否还是因子。

【参考程序】

```
PARAMETERS X
S=ALLTRIM(STR(X,20))+"="
FOR I=2 TO X
    IF X%I=0
        S=S+ALLTRIM(STR(I,20))+"*"
        X=X/I
        I=I-1
    ENDIF
ENDFOR
RETURN LEFT(S,LEN(S)-1) && LEN(S)-1 是为了去掉最后一个"*"号
```

5*．编写程序，要求从键盘输入一个正整数 M，自动判断并显示 M 中有哪些数可以分为两个相等的素数。例如，若 M=10，因为 10 中有 4=2+2，6=3+3，10=5+5，所以共有 3 个数符合条件。

【分析】

根据题目要求，需要通过循环逐个找出素数，循环的范围应该在 2～M/2 之间，判断素数可以通过自定义函数完成，自定义函数返回的结果是.T.或.F.。

【参考程序】

```
SET TALK OFF
CLEAR
INPUT "M=" TO M
FOR I=2 TO M/2
    IF SS(I)
        ?ALLTRIM(STR(I*2,20))+"="+ALLTRIM(STR(I,20))+"+"+ALLTRIM(STR(I,20))
    ENDIF
ENDFOR
FUNCTION SS
PARA X
FOR J=2 TO X-1
    IF X%J=0
        EXIT
    ENDIF
ENDFOR
IF J=X
```

```
    RETURN .T.
ELSE
    RETURN .F.
ENDFOR
ENDFUNC
```

6*. 用自定义函数编制程序，实现将一个日期型表达式转换为中文大写形式。例如，{^2008-10-15}或 CTOD（"2008-10-15"）转换为中文大写形式为"二○○八年十月十五日"。

【分析】

首先通过 YEAR，MONTH 和 DAY 转换函数取得数值年、月、日；再分别根据年、月、日的数码从字符串"○一二三四五六七八九十"中截取转换相应字符。

【参考程序】

```
PARAMETERS  X
Y=YEAR(X)
M=MONTH(X)
D=DAY(X)
C="○一二三四五六七八九十"
S=""
FOR I=1 TO 4                &&循环处理年
    P=MOD(Y,10)             &&截取数值数码
    S=SUBS(C,2*P+1,2)+S     &&截取数码对应的中文大写字符并连接到变量 S 中
    Y=INT(Y/10)
ENDFOR
S=S+"年"                    &&年处理完成
IF M<=10                    &&根据月份是大于10还是小于等于10做出不同的字符串截取处理
    S=S+SUBSTR(C,2*M+1,2)
ELSE
    S=S+"十"+SUBSTR(C,2*MOD(M,10)+1,2)
ENDIF
S=S+"月"                    &&月处理完成
DO CASE                     &&根据日的值做出不同的字符串截取处理
    CASE D<=10
        S=S+SUBSTR(C,2*D+1,2)
    CASE D<=19
        S=S+"十"+IIF(MOD(D,10)=0,"",SUBSTR(C,2*MOD(D,10)+1,2))
    OTHERWISE
        S=S+SUBSTR(C,2*INT(D/10)+1,2)+"十"+IIF(MOD(D,10)=0,"",SUBSTR
        (C,2*MOD(D,10)+1,2))
ENDCASE
S=S+"日"                    &&日处理完成
RETURN S                    &&返回结果
```

实验 5　面向对象程序设计入门

1. 设计一个表单，实现从键盘输入一个自然数，判断该数是否为偶数。表单的设计界面和运行界面如图 2-5 和图 2-6 所示。要求：在文本框按回车键后，"判断"按钮会自动按下，一次判断完成后焦点置向文本框，并自动选中文本框中的所有信息，文本框 Text2 为只读属性。

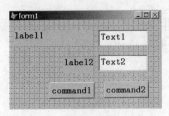　　　　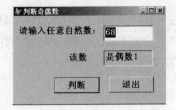

图 2-5　判断奇偶数设计界面　　　　图 2-6　判断奇偶数运行界面

【分析】

（1）根据题意，表单需要 2 个标签用来显示提示信息；2 个文本框，1 个作为输入，1 个用来显示结果；2 个命令按钮，1 个做判断处理，1 个用来退出表单。

（2）因为题目提供的设计界面中并没有给出相关控件的标题，所以，可以在表单的初始事件中设置相关的 Caption 属性。另外，还需要编写命令按钮的 Click 事件。

【参考程序】

（1）表单 Form1 的 Init 事件代码

```
Thisform.Caption="判断奇偶数"
Thisform.Label1.Caption="请输入任意自然数："
Thisform.Label2.Caption="该数"
Thisform.Command1.Caption="判断"
Thisform.Command2.Caption="退出"
Thisform.Text1.SelectOnEntry=.T.      &&焦点移到文本框时选中框内信息
Thisform.Text2.ReadOnly=.T.
Thisform.Command1.Default=.T.         &&按回车键后，"判断"按钮会自动按下
```

（2）命令按钮"确定"Command1 的 Click 事件代码

```
M=VAL(Thisform.Text1.Value)
IF INT(M/2)=M/2
   Thisform.Text2.Value="是偶数！"
ELSE
   Thisform.Text2.Value="是奇数！"
ENDIF
Thisform.Text1.Setfocus
Thisform.Refresh
```

（3）命令按钮"退出"Command2 的 Click 事件代码

```
Thisform.Release
```

2. 设计一个表单，求解一元二次方程式 $ax^2+bx+c=0$ 的根。表单的设计界面和运行界面如图 2-7、图 2-8 和图 2-9 所示。

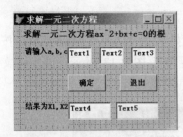　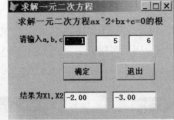　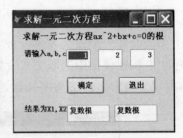

图 2-7　求解方程设计界面　　　图 2-8　方程运行界面 1　　　图 2-9　方程运行界面 2

【分析】

（1）用 3 个文本框输入 a，b，c 的值，2 个文本框显示结果；

（2）设计时应注意，作为输入的文本框应设置成数值型，而用来输出的文本框是字符型数据，因为有可能是复数根的情况。

【参考程序】

（1）表单 Form1 的 Init 事件代码

```
Thisform.Text1.Value=0
Thisform.Text2.Value=0
Thisform.Text3.Value=0
Thisform.Command1.Default=.T.
Thisform.Text1.SelectOnEntry=.T.
Thisform.Text2.SelectOnEntry=.T.
Thisform.Text3.SelectOnEntry=.T.
```

（2）命令按钮"确定"Command1 的 Click 事件代码

```
A=Thisform.Text1.Value
B=Thisform.Text2.Value
C=Thisform.Text3.Value
D=B*B-4*A*C          &&计算判别式
P=-B/(2*A)
IF D<0
    X1="复数根"
    X2="复数根"
ELSE
    X1=ALLTRIM(STR((-B+SQRT(D))/(2*A),19,2))
    X2=ALLTRIM(STR((-B-SQRT(D))/(2*A),19,2))
ENDIF
Thisform.Text4.Value=X1
Thisform.Text5.Value=X2
```

```
Thisform.Refresh
Thisform.Text1.Setfocus
```

（3）命令按钮"退出"Command2 的 Click 事件代码

```
Thisform.Release
```

3. 设计一个抽奖表单，按"开始"按钮能够使职工号及姓名在文本框中滚动显示，按"停止"按钮使抽中的职工号及姓名以蓝色显示，界面如图 2-10 至图 2-13 所示。要求：文本框字体为宋体、18 号字加粗，表单的标题为"抽奖"，每隔 1 秒钟滚动 1 次。

图 2-10　抽奖表单执行后的界面

图 2-11　单击"开始"按钮运行的界面

图 2-12　单击"停止"按钮运行的界面

图 2-13　抽奖表单的设计界面

【分析】

（1）根据题目要求，表单中需要使用文本框、命令按钮、计时器和数据环境，在数据环境中添加职工表；

（2）通过对象的属性窗口，分别设置表单和 3 个命令按钮的标题属性 Caption 为"抽奖"、"开始"、"停止"和"退出"，设置文本框和 3 个命令按钮的字号、字体和加粗等属性；

（3）设置计时器的时间间隔属性 Interval 为 1000（1 秒），即每过 1 秒就下移一条记录。

【参考程序】

（1）表单 Form1 的 Init 事件代码

```
Thisform.Timer1.Enabled=.F.
Thisform.Text1.Value="以职工号和姓名抽奖"
SET DELETE ON
```

（2）命令按钮"开始"的 Command1 的 Click 事件代码

```
Thisform.Timer1.Enabled=.T.
Thisform.Text1.Forecolor=Rgb(0,0,0)
Thisform.Refresh
```

（3）命令按钮"停止"的 Command2 的 Click 事件代码

```
Thisform.Timer1.Enabled=.F.
Thisform.Text1.Forecolor=Rgb(0,0,255)
DELETE
Thisform.Refresh
```

（4）命令按钮"退出"的 Command3 的 Click 事件代码

```
Thisform.Release
```

4．编制"职工"表信息编辑浏览界面，如图 2-14 和图 2-15 所示。要求：通过表格控件来实现。在该界面中用户可以修改（直接在界面中修改）、删除（通过表格左边的删除标记列）和浏览表中信息。

图 2-14　职工表浏览运行界面　　　　图 2-15　职工表浏览设计界面

【分析】

（1）置表单的 Caption 为"职工信息编辑浏览窗口"；

（2）在表单数据环境中放入职工表；

（3）将表格控件放入表单，并将属性 RecordSourceType 置为 1-别名，RecordSource 置为职工表。

【参考程序】本设计不需要编写事件代码。

5*．运用文本框和计时器对象设计一个汉字时钟显示表单，界面见图 2-16 和图 2-17。要求：表单将自动以 1 秒为间隔动态显示系统时间；时、分、秒要求用汉字显示。

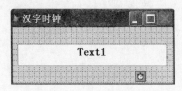 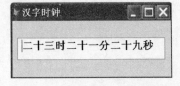

图 2-16　汉字时钟设计界面　　　　图 2-17　汉字时钟运行界面

【分析】

（1）设置表单的 Caption 属性；

（2）单中放入 1 个文本框和一个计时器，设置文本框的字体、字号和加粗等布局，设置计时器的 Interval 为 1000（1 秒）；

（3）添加新的方法 **SZZH**，用来实现阿拉伯数字与汉字数字间的转换。

【参考程序】

（1）用户自定义方法 **SZZH** 程序

```
PARAMETER X
X=VAL(X)
C="〇一二三四五六七八九十"
DO CASE
    CASE X<=10
        Y=SUBSTR(C,2*X+1,2)
    CASE X<=19
        Y="十"+SUBSTR(C,2*MOD(X,10)+1,2)
    OTHERWISE
        Y=SUBSTR(C,2*INT(X/10)+1,2)+"十"+IIF(MOD(X,10)=0,"",;
        SUBSTR(C,2*MOD(X,10)+1,2))
ENDCASE
RETURN Y
```

（2）表单 Form1 的 Init 事件代码

```
WITH Thisform
    .S=Thisform.SZZH(SUBSTR(TIME(),1,2))
    .F=Thisform.SZZH(SUBSTR(TIME(),4,2))
    .M=Thisform.SZZH(SUBSTR(TIME(),7,2))
ENDWITH
Thisform.Text1.Value=Thisform.S+"时"+Thisform.F+"分"+Thisform.M+"秒"
Thisform.Refresh
```

（3）计时器 Timer1 的 Timer 事件代码

```
Thisform.Init
```

实验 6.1　利用输出类控件设计表单

1．设计一个由标签、文本框、图像、形状等控件实现的显示信息界面，如图 2-18 和图 2-19 所示。要求：图像用三维的立体形状框住，诗用标签 16 号隶书蓝底白字竖行显示，各对象的大小调整到协调即可。

图 2-18　运行界面　　　　　　　　　　　　图 2-19　设计界面

【分析】

（1）在表单中放入标签、文本框、图像和形状控件；

（2）Text1 的 Value 属性="Visual FoxPro 是用于管理数据的计算机软件，是一种真正的关系数据库管理系统"；Image1 的 Picture 属性指向 Fox.bmp 文件，Strech 属性为 1-等比填充，BackStyle 属性为 0-透明；Shape1 的 BackStyle 属性为 0-透明，SpecialEffect 为 0-3 维；分别将四句诗设置到 Label1～Label4 的 Caption 属性，WordWrap 属性置为.T.-真。

【参考程序】本设计不需要编写事件代码。

2．运用文本框和计时器对象设计一个数字时钟表单，界面见图 2-20 和图 2-21。要求：文本框文字为隶书、30 号字，表单的标题为"数字时钟"，每隔 1 秒钟刷新一次时间。

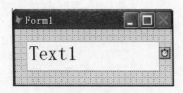

图 2-20　设计界面　　　　　　　　　　　图 2-21　运行界面

【分析】

（1）新建表单，设置表单的 Caption 属性。

（2）在表单中放入 1 个文本框，1 个计时器，设置文本框的字体、字号和加粗等布局，设置计时器的 Interval 为 1000（1 秒）。

【参考程序】

（1）表单 Form1 的 Init 事件代码

```
Thisform.Text1.Value=LEFT(TIME(),2)+" 时 "+SUBSTR(TIME(),4,2)+" 分 "+;
```

```
SUBSTR (TIME(),7,2)+"秒"
    Thisform.Refresh
```

（2）计时器 Timer1 的 Timer 事件代码

```
    Thisform.Init
```

3．设计一个圆球跳动表单。要求：球的宽和高为 60，球的填充颜色为咖啡色，表单的标题为"圆球跳动"，按"开始"按钮，球每隔 0.5 秒在表单的上下边之间跳动；按"停止"按钮，球停止跳动。设计界面和运行界面见图 2-22 和图 2-23。

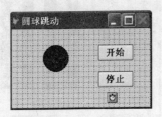

图 2-22　设计界面

图 2-23　运行界面

【分析】

（1）新建表单，放置形状、计时器和命令按钮等控件，设置形状的宽和高为 60，填充颜色为咖啡色，设置表单和命令按钮的 Caption 属性。

（2）所谓球的跳动是指形状在表单的顶边和底边交替出现，这个处理是通过计时器的 Timer 事件实现的。需要注意的是：当形状的 TOP 等于 0 时，形状处于表单的顶边；当形状的 TOP 等于表单的高度减去形状的高度时，形状处于表单的底边。

（3）"开始"按钮的作用是使计时器开始工作，即 Thisform.Timer1.Enabled=.T.；"停止"按钮是使计时器停止工作。另外，初始运行时计时器是不工作的，由于计时器默认设置是工作的，所以在表单的 Init 事件中要使计时器不工作。

【参考程序】

（1）表单 Form1 的 Init 事件代码

```
    Thisform.Timer1.Interval=500
    Thisform.Timer1.Enabled=.F.
```

（2）计时器 Timer1 的 Timer 事件代码

```
IF Thisform.Shape1.Top=0
    Thisform.Shape1.Top=Thisform.Height-Thisform.Shape1.Height
ELSE
    Thisform.Shape1.Top=0
ENDIF
Thisform.Refresh
```

（3）命令按钮"开始"Command2 的 Click 事件代码

```
    Thisform.Timer1.Enabled=.T.
```

（4）命令按钮"停止"Command2 的 Click 事件代码

```
Thisform.Timer1.Enabled=.F.
```

4．编制一个表单完成表文件"职工.dbf"内容的自动只读浏览显示功能，设计界面和运行界面如图 2-24 和图 2-25 所示。具体要求如下：① 表单初始显示内容为表文件"职工.dbf"的首记录；② 表单内容将以 1 秒为间隔自动刷新，即自动顺序向后翻记录，当翻至表底时，将自动回到首记录循环翻动。

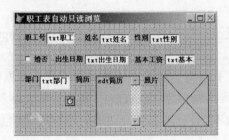
图 2-24　"职工"表自动浏览表单设计界面

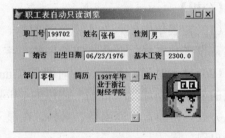
图 2-25　"职工"表自动浏览表单运行界面

【分析】

（1）新建表单，设置表单的标题属性，同时在表单的数据环境中添加职工表，将职工表中的字段拖放到表单的适当位置，从而使文本框等控件自动与相关字段绑定。调整各控件对象的大小、字体等属性。

（2）在表单中添加计时器控件，并在属性窗口设置其 Interval 属性为 1000（1 秒）。通过表单的 Init 事件使相关控件为只读，通过计时器的 Timer 事件移动记录，当记录指针到达文件尾时，回到首记录。

【参考程序】

（1）表单 Form1 的 Init 事件代码

```
Thisform.Setall("Readonly",.T.,"Textbox")
Thisform.Setall("Readonly",.T.,"Checkbox")
Thisform.Setall("Readonly",.T.,"Edittbox")
```

（2）计时器 Timer1 的 Timer 事件代码

```
SKIP
IF EOF()
    GO TOP
ENDIF
Thisform.Refresh
```

5．编制一个显示时钟和日期的表单，界面如图 2-26 至图 2-28 所示。命令按钮及文本框的字体、颜色和大小设置为自己喜欢的形式。

图 2-26　设计界面

图 2-27　时间显示界面

图 2-28　日期显示界面

【分析】

（1）在表单中放入文本框、计时器、命令按钮等控件，设置表单和命令按钮的 Caption 属性，设置文本框、命令按钮的字体、字号等属性。

（2）显示时间，是通过计时器的 Timer 事件，不断将当前的系统时间显示在文本框中。日期的显示则是通过"日期"按钮的 Click 事件，将系统日期（DATE()）转换为中文字符的表示方式，再加上星期函数。另外，在显示日期时应当使计时器停止工作，这样时间信息就不会出现。

【参考程序】

（1）表单 Form1 的 Init 事件代码

```
Thisform.Timer1.Interval=1000
Thisform.Timer1.Enabled=.F.
Thisform.Text1.Value="选择时间/日期？"
```

（2）命令按钮"时间"Command1 的 Click 事件代码

```
Thisform.Timer1.Enabled=.T.
Thisform.Text1.Fontsize=36
Thisform.Text1.Value=Time()
Thisform.Refresh
```

（3）命令按钮"日期"Command2 的 Click 事件代码

```
Thisform.Timer1.Enabled=.F.
Y=STR(YEAR(DATE()),4)+"年"
M=STR(MONTH(DATE()),2)+"月"
D=STR(DAY(DATE()),2)+"日"
Thisform.Text1.Value=Y+M+D+CDOW(DATE())
Thisform.Text1.Fontsize=20
Thisform.Refresh
```

（4）命令按钮"退出"Command3 的 Click 事件代码

```
Thisform.Release
```

（5）计时器 Timer1 的 Timer 事件代码

```
Thisform.Text1.Value=TIME()
Thisform.Refresh
```

实验 6.2   利用输入类控件设计表单

1. 设计一个完成口令判定功能的表单，界面如图 2-29～图 2-31 所示。具体要求如下：
（1）用户从键盘输入口令时，表单的显示控件以"＊"代替具体内容；（2）系统的口令是表文件"职工.dbf"的姓名，要求完全匹配；（3）输入口令后，按回车键或"确定"按钮，将自动显示信息框（Messagebox），提示"正确！"或"错误！"；（4）按"退出"按钮将自动关闭该表单。

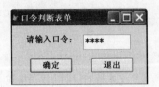

图 2-29 口令判断表单运行界面   图 2-30 输入正确对话框   图 2-31 输入错误对话框

【分析】

表单及相关控件的标题 Caption 可通过属性窗口设置，其他属性可在初始事件代码中完成。

【参考程序】

（1）表单 Form1 的 Init 事件代码

```
Thisform.Text1.Setfocus
Thisform.Text1.SelectOnEntry=.T.
Thisform.Text1.PasswordChar="*"
Thisform.Command1.Default=.T.
```

（2）命令按钮"确定" Command1 的 Click 事件代码

```
LOCATE FOR ALLTRIM(姓名)=ALLTRIM(Thisform.Text1.Value)
IF !EOF()
    MESSAGEBOX("正确!")
ELSE
    MESSAGEBOX("错误!")
ENDIF
Thisform.Text1.Setfocus
Thisform.Refresh
```

（3）命令按钮"退出" Command2 的 Click 事件代码

```
Thisform.Release
```

2. 借助于文本框和微调框编制一个手工日历表单，界面如图 2-32 和图 2-33 所示。要求日期以中文的方式居中显示，显示的字体为宋体、26 号加粗。

图 2-32　手工日历设计界面

图 2-33　手工日历运行界面

【分析】

文本框可以用来显示日期，但要使日历前后翻动，应当有相应事件，可以借助微调的 UpClick 和 DownClick 事件完成。

【参考程序】

（1）表单 Form1 的 Init 事件代码

```
Thisform.Text1.Dateformat=14          &&设置文本框的日期为汉语格式
Thisform.Text1.Value=DATE()           &&文本框的初值为日期
Thisform.Spinner1.Setfocus
Thisform.Refresh
```

（2）微调 Spinner1 的 UpClick 事件

```
Thisform.Text1.Value=Thisform.Text1.Value+1    &&文本框中的日期加 1
Thisform.Refresh
```

（3）微调 Spinner1 的 DownClick 事件

```
Thisform.Text1.Value=Thisform.Text1.Value-1    &&文本框中的日期减 1
Thisform.Refresh
```

3. 编制"职工"表信息查询界面，要求如图 2-34、图 2-35 和图 2-36 所示。要求：查询与用户指定的职工姓名相匹配的记录，并显示指定职工的所有信息。

图 2-34　用户选择职工前的运行界面

图 2-35　用户选择职工后的运行界面

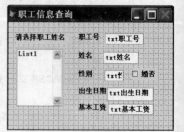
图 2-36　控件的布局界面

【分析】

在表单的数据环境中添加职工表，并根据设计界面将相关的字段拖放到表单，与对应的字段绑定，由于是信息查询，不需要修改信息，所以要设置相关控件的只读属性。列表框的数据源可以通过属性窗口设置 RowSourceType 和 RowSource 属性，也可以在表单的初始事件中设置。表单初始时右边的信息是不可见的。

【参考程序】

（1）表单 Form1 的 Init 事件代码

```
Thisform.List1.RowSourceType=6
Thisform.List1.RowSource="职工.姓名"
Thisform.Setall("Readonly",.T.,"Textbox")
Thisform.Setall("Visible",.F.,"Textbox")
Thisform.Setall("Visible",.F.,"Label")
Thisform.Setall("Visible",.F.,"Checkbox")
Thisform.Label1.Visible=.T.
Thisform.Refresh
```

（2）列表框 List1 的 InteractiveChange 事件代码

```
Thisform.Setall("Visible",.T.,"Textbox")
Thisform.Setall("Visible",.T.,"Label")
Thisform.Setall("Visible",.T.,"Checkbox")
Thisform.Refresh
```

4. 编制一个表单，完成对"职工"表和"销售"表文件中职工销售金额的查询功能，界面如图 2-37～图 2-39 所示。具体要求如下：（1）当用户在组合框输入或选择姓名后，按回车键或"确定"按钮时，表单将自动显示对应职工的平均销售额，如果该职工不存在，则显示提示信息。（2）按"退出"按钮时，自动关闭表单。

【分析】

（1）本表单是要在组合框中输入或选择职工姓名，然后在文本框中输出显示该职工的平均销售金额。由于职工姓名在"职工"表中，而销售金额在"销售"表中，因此要在数据环境中添加"职工"表和"销售"表。

图 2-37　销售金额查询设计界面

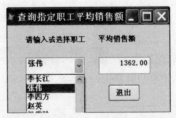

图 2-38　销售金额查询运行界面

图 2-39　输入错误对话框

（2）在属性窗口设置组合框的数据源类型属性 RowSourceType 为 6-字段，RowSource 属性为职工.姓名。由于下拉组合框既可以下拉选择，也可以手工输入，就有可能出现输入错误，所以在统计金额前要判断输入的姓名是否存在，如果存在，则统计相应职工的平均销售额，否则提示出错信息，这可以在"确定"按钮的 Click 事件中完成。

【参考程序】

（1）表单 Form1 的 Init 事件代码

```
SET TALK OFF                        &&避免 AVERAGE 命令在屏幕上回显计算结果
SELECT 职工
```

```
GO TOP
Thisform.Combo1.SelectOnEntry=.T.
Thisform.Command1.Default=.T.
Thisform.Combo1.Value=职工.姓名        &&组合框中设置一个初值
```

（2）命令按钮"确定"Command1 的 Click 事件代码

```
SELECT 职工                          &&在职工表中查找姓名
LOCATE FOR ALLTRIM(姓名)=ALLTRIM(Thisform.Combo1.Displayvalue)
IF FOUND()
    SELECT 销售                      &&在销售表中统计平均金额
    AVERAGE 金额 TO PJJE FOR 职工号=职工.职工号
    Thisform.Text1.Value=PJJE        &&Alltrim(Str(Pjje,19,2))
ELSE
    MESSAGEBOX("输入的姓名不存在!",0+48,"错误信息")
ENDIF
Thisform.Combo1.Setfocus
Thisform.Refresh
```

（3）命令按钮"退出"Command2 的 Click 事件代码

```
Thisform.Release
```

5. 设计一个表单，能在列表框中输出一个对角线为 0 其余为 1 的矩阵，设计界面及运行界面如图 2-40 和图 2-41 所示。

图 2-40　显示矩阵设计界面

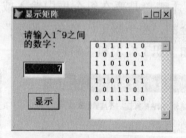

图 2-41　显示矩阵运行界面

【分析】

（1）这是一个输出二维图形的问题，可以用双重循环来求解，即外循环 I～N 控制输出的行数，内循环 J～N 控制每行输出的列数。只是当出现对角线，即 I=J 或 I+J=N+1 时，输出 0。由于是通过列表框显示输出，因此，可以先将每行要输出的内容以字符串的格式保存在一个字符变量 C 中，再通过 AddItem 方法把这个字符串添加到列表框。当处理新的一行时，先将 C 字符串清空，再重复上面的处理。这些处理写在"显示"按钮的 Click 事件中。

（2）如果要控制输入的数字在 1～9 之间，则需要写文本框的 Valid 事件。

【参考程序】

（1）表单 Form1 的 Init 事件代码

```
Thisform.Command1.Default=.T.        &&当文本框按回车键后，会触发 Command1
```

```
Thisform.Text1.SelectonEntry =.T.        &&焦点打到文本框时，自动选中框中的文本
Thisform.Text1.Value=1                    &&将文本框置初值，并设为数值型数据
                                          （文本框默认为字符型数据）
```

（2）文本框 Text1 的 Valid 事件代码

```
IF This.Value<1 OR This.Value>9
    RETURN .F.
ELSE
    RETURN .T.
ENDIF
```

（3）命令按钮"显示"Command1 的 Click 事件代码

```
N=Thisform.Text1.Value
Thisform.List1.Clear                      &&注意先将列表框清空
FOR I=1 TO N
    C=""                                   &&每行开始处理前先将字符串清空
    FOR J=1 TO N
      IF I=J OR I+J=N+1                     &&条件满足则为对角线
        A=0                                &&对角线的元素置 0
      ELSE
        A=1                                &&非对角线元素置 1
      ENDIF
        C=C+STR(A,2)                       &&将每行要输出的数字转换成字符连接起来
    ENDFOR
    Thisform.List1.Additem(C)              &&将一行字符串添加到列表框
ENDFOR
Thisform.Text1.Setfocus
Thisform.Refresh
```

6. 设计实现数据在列表框之间转移操作的表单。要求：能把左边列表框选定的数据项移到右边列表框，也能把右边列表框选定的数据项移到左边列表框，列表框的信息应排序。初始运行界面和操作后的界面分别如图 2-42 和图 2-43 所示。

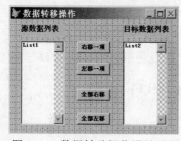

图 2-42　数据转移操作设计界面

图 2-43　数据转移操作运行界面

【分析】

（1）在表单中添加 2 个标签、2 个列表框和 4 个命令按钮，设置各控件对象的标题、字体、字号等属性，在表单的数据环境中添加"职工"表，为列表框提供姓名。

（2）本题目要求实现数据在两列表框之间的转移操作，初始运行时只有左边列表框有数据，所以左边列表框要先设置数据源。数据源填入的是职工的姓名，通过设置 RowSourceType 为 0，用 AddItem 方法填入数据，这样列表框的数据可以用 RemoveItem 方法移出，也可用 Clear 方法清除。该表单需要写表单的 Init 事件和 4 个命令按钮的 Click 事件代码。

【参考程序】

（1）表单 Form1 的 Init 事件代码

```
This.List2.Rowsourcetype=0        &&这是系统默认的设置，可以省略
This.List2.Rowsource=""
This.List2.Sorted=.T.             &&组合框、列表框中，指定列表部分的各项是
                                    否按字母顺序排序
This.List1.Rowsourcetype=0
This.List1.Rowsource=""
This.List1.Sorted=.T.
SCAN
    This.List1.Additem（姓名）
ENDSCAN
```

（2）命令按钮"右移一项"Command1 的 Click 事件代码

```
Thisform.List2.Additem(Thisform.List1.Value)
Thisform.List1.Removeitem(Thisform.List1.Listindex)
                          &&在组合框、表明表框中，选定数据项的索引号！
Thisform.Refresh
```

（3）命令按钮"左移一项"Command2 的 Click 事件代码

```
Thisform.List1.Additem(Thisform.List2.Value)
Thisform.List2.Removeitem(Thisform.List2.Listindex)
Thisform.Refresh
```

（4）命令按钮"全部右移"Command3 的 Click 事件代码

```
Thisform.List2.Clear
GO TOP
SCAN
    Thisform.List2.Additem(姓名)
ENDSCAN
Thisform.List1.Clear
Thisform.Refresh
```

（5）命令按钮"全部左移"Command4 的 Click 事件代码

```
Thisform.List1.Clear
SCAN
    Thisform.List1.Additem(姓名)
ENDSCAN
Thisform.List2.Clear
Thisform.Refresh
```

实验 6.3　利用控制类控件设计表单

1．编制一个表单，完成职工表文件内容的只读浏览功能，界面如图 2-44 和图 2-45 所示。要求如下：（1）表单初始显示内容为表文件"职工.dbf"的首记录；（2）当按"前翻"、"后翻"、"首记录"、"末记录"按钮时，表单将自动显示相应记录的内容；（3）当翻至表头或表尾时，将自动设置相应按钮为不可访问。

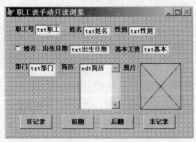

图 2-44　"职工"表浏览设计界面

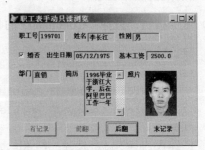

图 2-45　"职工"表浏览运行界面

【分析】

（1）新建表单，设置表单的标题属性，同时在表单的数据环境中添加"职工"表，将职工表中的字段拖放到表单的适当位置，从而使文本框等控件自动与相关字段绑定。调整各控件对象的大小、字体等属性。

（2）在表单中添加 4 个命令按钮，用来翻动记录，当按下"首记录"或"前翻"按钮翻到文件头时，相应的按钮就不能再访问，而当按下"末记录"或"后翻"按钮翻到文件尾时，相应的按钮也不能再访问。

（3）因为是浏览表单，所以相关的显示控件应当设置只读属性，这可以在表单的初始事件中设置。

【参考程序】

（1）表单 Form1 的 Init 事件代码

```
This.Setall("Readonly",.T.,"Textbox")
This.Setall("Readonly",.T.,"Editbox")
This.Setall("Readonly",.T.,"Checkbox")
```

（2）命令按钮"首记录"Command1 的 Click 事件代码

```
GO TOP
Thisform.Command1.Enabled=.F.
Thisform.Command2.Enabled=.F.
Thisform.Command3.Enabled=.T.
Thisform.Command4.Enabled=.T.
Thisform.Refresh
```

（3）命令按钮"前翻"Command2 的 Click 事件代码

```
    SKIP -1
    IF BOF()
        Thisform.Command1.Enabled=.F.
        Thisform.Command2.Enabled=.F.
    ENDIF
    Thisform.Command3.Enabled=.T.
    Thisform.Command4.Enabled=.T.
    Thisform.Refresh
```

（4）命令按钮"后翻"Command3 的 Click 事件代码

```
    SKIP 1
    IF EOF()
        Thisform.Command3.Enabled=.F.
        Thisform.Command4.Enabled=.F.
    ENDIF
    Thisform.Command1.Enabled=.T.
    Thisform.Command2.Enabled=.T.
    Thisform.Refresh
```

（5）命令按钮"末记录"Command4 的 Click 事件代码

```
    GO BOTTOM
    Thisform.Command1.Enabled=.T.
    Thisform.Command2.Enabled=.T.
    Thisform.Command3.Enabled=.F.
    Thisform.Command4.Enabled=.F.
    Thisform.Refresh
```

2．设计一个标准化模拟考试表单。界面如图 2-46～图 2-48 所示。要求：文字字体、字号任意，当选择答案时，根据对错用 Messagebox()函数显示提示信息。

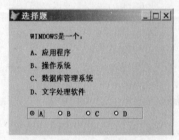

图 2-46　选择题运行界面

图 2-47　答对对话框

图 2-48　答错对话框

【分析】

本表单比较简单，可以用标签显示题目，用选项按钮组答题，判断选项按钮组的 Value 值，当与正确选项一致时，弹出正确信息提示框，否则弹出错误信息提示框。

【参考程序】

命令按钮组 OptionGroup1 的 InteractiveChange 事件代码如下。

```
IF This.Value=2
    MESSAGEBOX("答对了，真棒！",0+48,"评判结果")
ELSE
    MESSAGEBOX("答错了，再试！",0+16,"评判结果")
ENDIF
Thisform.Refresh
```

3. 用命令按钮组设计 9 种颜色调色板表单，界面如图 2-49 和图 2-50 所示。要求：文字字体为楷书、12 号加粗，表单的标题为"调色板"，按钮组有 9 个按钮，按 3 行 3 列排列，当单击对应的按钮时，按钮组的背景颜色相应改变。

图 2-49　调色板设计界面

图 2-50　调色板运行界面

【分析】

（1）本题命令按钮组里包含 9 个按钮，可通过生成器或在"编辑"状态下调整各个按钮的布局，使其按 3 行 3 列排列。按下不同的命令按钮后，命令按钮组的背景色相应发生改变，这需要编写命令按钮组的 Click 事件代码。

（2）对于颜色函数 RGB 的参数，红、绿、蓝、黑和白色是根据红、绿、蓝三原色组合的，分别是 RGB(255,0,0)、RGB(0,255,0)、RGB(0,0,255)、RGB(0,0,0)和 RGB(255,255,255)，其中，黑色是没有色彩，所以都为 0；白色则是三原色都饱和，所以三原色都是最大值，即 RGB(255,255,255)。而其他颜色可以通过调色板，系统会给出相应颜色的参数。

【参考程序】

编写命令按钮组 CommandGroup1 的 Click 事件代码。

```
DO CASE
    CASE This.Value=1                        &&采用相对引用，按第 1 个按钮
        This.Backcolor=RGB(255,0,0)          &&红色
    CASE This.Value=2
        This.Backcolor=RGB(255,128,0)        &&橙色
    CASE This.Value=3
        This.Backcolor=RGB(255,255,0)        &&黄色
    CASE This.Value=4
        This.Backcolor=RGB(0,255,0)          &&绿色
    CASE This.Value=5
        This.Backcolor=RGB(0,128,128)        &&青色
    CASE This.Value=6
        This.Backcolor=RGB(0,0,255)          &&蓝色
```

```
Thisform.Refresh
```

5. 设计一个表单，实现查询并显示指定职工的销售总额，并根据销售总额给出 5 档业绩评价：优（≥6000），良（≥4000），中（≥2000），合格（≥1000），不合格（<1000）。要求不合格的销售总额和业绩档次用红字显示。具体界面如图 2-53 和图 2-54 所示。

图 2-53　设计界面

图 2-54　运行界面

【分析】

（1）根据题目要求，需要为表单添加 4 个标签用来显示提示信息，1 个组合框输入或选择职工，3 个文本框显示结果，3 个命令按钮控制操作，并在属性窗口设置表单及这些控件的标题、字体和字号等属性；还应当在数据环境中添加"职工"表和"销售"表。设置组合框的 RowSourceType 属性为 6-字段，RowSource 属性为职工.姓名。

（2）由于组合框既可以选择又可以输入，输入就有可能出错，所以要编写组合框 Combo1 的 Valid 事件控制输入出错。

（3）业绩档次子程序相对独立，可以通过用户新建方法程序来完成。主要的统计处理通过"确定"命令按钮的 Click 事件完成。

【参考程序】

（1）新建方法 YJDC 用来统计业绩档次

```
PARAMETERS X
DO CASE
    CASE X>=6000
        DC="优秀"
    CASE X>=4000
        DC="良好"
    CASE X>=2000
        DC="中等"
    CASE X>=1000
        DC="合格"
    CASE X<1000
        DC="不合格"
ENDCASE
RETU DC
```

（2）表单 Form1 的 Init 事件代码

```
SET TALK OFF  &&防止 SUM 命令干扰屏幕
Thisform.Combo1.SelectOnEntry=.T.
Thisform.Command1.Default=.T.
PUBLIC DC
```

（3）组合框 Combo1 的 Valid 事件代码

```
SELECT 职工
LOCATE FOR ALLTRIM(姓名)==ALLTRIM(Thisform.Combo1.Displayvalue)
IF !FOUND()
  MESSAGEBOX("输入错，请重新输入!")
   RETURN .F.
ELSE
   RETURN .T.
ENDIF
Thisform.Refresh
```

（4）命令按钮"确定"Command1 的 Click 事件代码

```
SELECT 销售
SUM 金额 TO CJ FOR 职工号=职工.职工号
Thisform.Text1.Value=Thisform.Combo1.DisplayValue
IF CJ>=1000
  Thisform.Text2.Forecolor=RGB(0,0,255)
   Thisform.Text3.Forecolor=RGB(0,0,255)
ELSE
   Thisform.Text2.Forecolor=RGB(255,0,0)
   Thisform.Text3.Forecolor=RGB(255,0,0)
ENDIF
Thisform.Text2.Value=Cj
Thisform.Text3.Value=Thisform.YJDC(Cj)
Thisform.Refresh
```

（5）命令按钮"退出"Command2 的 Click 事件代码

```
Thisform.Release
```

（6）命令按钮"继续"Command3 的 Click 事件代码

```
Thisform.Combo1.Setfocus
Thisform.Combo1.Selectonentry=.T.
Thisform.Setall("Value","","Textbox")
Thisform.Refresh
```

6*. 设计一个表单，实现查询并显示指定部门职工的基本工资总额并将数字金额转换为中文大写金额。具体界面如图 2-55 和图 2-56 所示。

● Command1 的 Valid 事件

```
FN=ALLTRIM(This.Displayvalue)
IF FILE(FN)
    ----(1)----
    Thisform.List1.Clear
    ----(2)----
    FOR I=1 TO FCOUNT()
        ----(3)----
    ENDFOR
ELSE
    Thisform.List1.Visible=.F.
    Thisform.Label2.Visible=.F.
    MESSAGEBOX("你请求的文件不存在！",0+64,"文件判断")
ENDIF
This.Selectonentry=.T.
Thisform.Refresh
RETURN .T.
```

（1）A. FOUND()　　　　　　　　　　B. Thisform.Setall("Visible",.T.)

　　　C. DISPLAY 姓名=学生.姓名　　　D. LOCATE FOR 姓名=学生.姓名

（2）A. USE(FN.DBF)　　　　　　　　B. USE (FN)

　　　C. USE ("FN")　　　　　　　　D. USE("FN.DBF")

（3）A. Thisform.List1.Additem(字段名)

　　　B. Thisform.List1.Remove(字段名)

　　　C. Thisform.List1.Additem(FIELD(I))

　　　D. Thisform.List1.Remove Item(FIELD(I))

四、程序阅读（每小题 5 分，共 20 分）

说明：阅读下列程序，写出程序的运行结果。

第 1 题

```
SET TALK OFF
CLEAR
USE 课程
LOCATE FOR 学分<=3 AND 考试标志="1"
DO WHILE !EOF()
    ?课程名
    CONTINUE
ENDDO
USE
SET TALK ON
```

第 2 题

```
SET TALK OFF
```

```
CLEAR
ACCEPT  "请输入:"  TO  P        &&输入：A r r h !!
L=LEN(P)
C=""
FOR  I=1 TO L
    ZF=SUBSTR(P,I,1)
    DO CASE
        CASE ZF>="A"  AND ZF<="G"
            ZF=CHR(ASC(ZF)+6)
        CASE ZF>="r"  AND ZF<="w"
            ZF=CHR(ASC(ZF)-3)
        CASE ZF>="h"  AND ZF<="k"
            ZF=CHR(ASC(ZF)-4)
    ENDCASE
    C=C+ZF
ENDFOR
?P+"→"+C
SET TALK ON
```

第 3 题

```
SET TALK OFF
CLEAR
INPUT "N=" TO N  &&输入 5
FOR I=1 TO N
   ?SPACE(N-I+1)
      FOR J=1 TO 2*I
        ??"*"
      ENDFOR
   ENDFOR
SET TALK ON
```

第 4 题

```
SET TALK OFF
CLEAR
USE 成绩
? '-----------------------------------'
? '学号        成绩'
GO TOP
DO WHILE..NOT. EOF()
   IF 成绩<60
    ? 学号+SPACE(5)+STR(成绩,3)
   ENDIF
```

```
    SKIP
ENDDO
? '---------------------------------------'
USE
SET TALK ON
```

五、程序设计题（共 30 分）

1. 计算：1! +2! +3! +…+N!（N 的值由键盘输入）。（8 分）

2. 编制一个表单完成表文件"学生.dbf"内容的学生奖学金查询显示功能，界面如图 3-4 和图 3-5 所示。具体要求如下：① 当用户在组合框输入或选择班级（学号的左 3 位）后，按回车键或"确定"按钮时，表单将自动显示对应班级的奖学金总额；② 按"退出"按钮时，自动关闭表单。要求写出：

（1）Form1 的 Init 事件代码。实现班级号的填入。

（2）"确定"按钮的 Click 事件代码。计算对应班级的奖学金总额并填入文本框。

（3）"退出"按钮的 Click 事件代码。（10 分）

图 3-4　设计界面

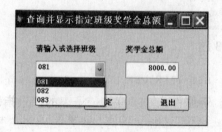

图 3-5　运行界面

3. 利用 SQL_SELETE 语句，实现如图 3-6～图 3-8 所示的学生成绩信息查询表单。表单涉及的数据表已经放入数据环境。请写出：

（1）Form1 的 Init 事件代码。设置表单、标签的标题；设置列表框的数据源；将需要的数据查询在新数据表中；设置标签 2 和列表框 2 为不可见。

（2）List1 的 InteractiveChange 的事件代码。用循环将指定学生的成绩填入列表框 2 中，计算该生的平均成绩并填入列表框 2，设置标签 2 和列表框 2 为可见。（12 分）

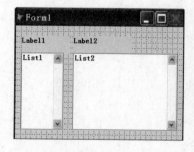

图 3-6　设计界面

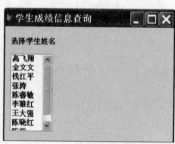

图 3-7　初始运行界面

图 3-8　选择姓名后的运行界面

模拟试卷 2

一、判断题（每题 1 分，共 15 分）

1. 函数自变量的数据类型与函数值的数据类型必须一致。
2. 过程是一段独立的程序段，而过程文件则是存放过程的文件。
3. 计时器控件的 Enabled 属性相当于计时器的开关，当 Enabled 为.T.时，计时器控件开始计时。
4. 表单包含一个数据环境，在表单运行时可以自动打开、关闭其中的表。
5. 若要在列表框、组合框的值改变时执行某段代码，应该将该段代码编写在其 Click 事件中。
6. 单独一个变量或一个常数也是一个表达式。
7. 列表框、组合框的数据来源可以通过其属性 ControlSource 进行设置。
8. 数据环境中的表及其字段都是对象，可以像引用其他对象那样引用表对象或字段对象。
9. 对一个表建立索引，就是将原表中的记录重新排列其物理顺序。
10. 函数 YEAR（DATE()）得到系统的年份，其数据类型为日期型。
11. 一个表文件可以在多个工作区中同时打开。
12. 表间的永久关联将使子表的记录指针随父表的记录指针产生联动。
13. EXIT 和 LOOP 语句一定是出现在循环语句中的。
14. 数据库表与自由表之间不能相互转换。
15. 每一个对象都有 Click 事件。

二、单选题（每题 1 分，共 15 分）

1. 关键字是关系模型中的重要概念。当一张二维表（A 表）的主关键字包含在另一张二维表（B 表）中时，它就称为 B 表的（　　　）。
   A．主关键字　　　　B．候选关键字　　　　C．外部关键字　　　　D．超关键字
2. 对表文件按关键字建立索引并作为主索引后，命令 GO BOTTOM 把文件指针移到（　　　）。
   A．记录号不能确定　　　　　　　　　　B．逻辑最后一条记录
   C．最大记录号的记录　　　　　　　　　D．RECCOUNT()+1 号记录
3. 下列函数中函数值为字符型的是（　　　）。
   A．DATE()　　　B．TIME()　　　C．YEAR()　　　D．MONTH()
4. 要生成表文件学生2.dbf，要求其结构与现有表文件学生.dbf 相同，但记录不同，建表的方法可以是（　　　）。
   A．USE 学生　　　　　　　　　　　　B．USE 学生
   　　COPY TO 学生2　　　　　　　　　　COPY STRU TO 学生2
   C．CREATE 学生2 FROM 学生1　　　　D．COPY FILE 学生1.dbf　TO 学生2.dbf

5. 在没有打开索引的情况下，以下各组中的两条命令，执行结果相同的是（　　）。

    A．LOCATE FOR RECNO（ ）= 6 与 SKIP 6

    B．SKIP RECNO（ ）+ 6 与 GO RECNO（ ）+ 6

    C．GO RECNO（ ）+ 6 与 SKIP 6

    D．GO RECNO（ ）+ 6 与 LIST NEXT 6

6. 有关多路分支结构 DO CASE-ENDCASE 的叙述正确的是（　　）。

    A．当有多个条件为真时，执行所有满足条件的 CASE 之后的语句序列

    B．当有多个条件为真时，只执行第一个满足条件的 CASE 之后的语句序列

    C．当有多个条件为真时，只执行最后一个满足条件的 CASE 之后的语句序列

    D．当有多个条件为真时，系统会出现错误提示

7. 为了修改表单的标题，应设置表单的（　　）属性。

    A．Caption   B．Name   C．Value   D．FontName

8. 将文本框的 PasswordChar 属性值设置为星号（＊），那么，当在文本框中输入"计算机"时，文本框中显示的是（　　）。

    A．计算机   B．＊＊＊   C．＊＊＊＊＊＊   D．错误设置

9. 在数据库表文件中，若所建立的索引文件的字段值不允许重复，并且一个表只能创建一个这样的索引，该索引是（　　）。

    A．主索引   B．唯一索引   C．候选索引   D．普通索引

10. 设学生.dbf 表文件中共有 10 条记录，执行如下命令序列：

```
USE 学生
GOTO 5
LIST
? RECNO（ ）
```

    执行最后一条命令后，屏幕显示的值是（　　）。

    A．0   B．1   C．10   D．11

11. 要在学生表中查找姓陈的学生记录，可使用 SQL 语句（　　）。

    A．SELECT ＊ FROM 学生 WHERE 姓名="陈＊"

    B．SELECT ＊ FROM 学生 WHERE 姓名$"陈"

    C．SELECT ＊ FROM 学生 WHERE LEFT(姓名, 1) = "陈"

    D．SELECT ＊ FROM 学生 WHERE 姓名 LIKE "陈%"

12. 如果内存变量与字段变量的变量名均为姓名，则引用内存变量的正确方法是（　　）

    A．A.姓名   B．姓名   C．M.姓名   D．不能引用

13. TOTAL 命令的功能是（　　）。

    A．对数值型字段按关键字分类求和

    B．分别计算所有数值型字段值的和

    C．计算所有数值型记录字段值的平均数

    D．求满足条件的记录个数

14. Visual FoxPro 支持的数据模型是（　　）

    A．层次数据模型   B．网状数据模型

　　C．关系数据模型　　　　　　　　　　D．树状数据模型
15．以下不属于数据库完整性范畴的是（　　　）。
　　A．实体完整性　　　　　　　　　　B．参照完整性
　　C．参数完整性　　　　　　　　　　D．用户自定义完整性

三、程序填空（每空 2 分，共 20 分）

　　说明：阅读下列程序说明和相应程序，在每小题提供的若干可选答案中，挑选一个正确答案。

　　1．给定程序的功能是：返回给定的字符串表达式的倒置字符串。如字符串"ABCD"，倒置后的字符串为"DCBA"。

```
SET TALK OFF
CLEAR
----(1)----  "请输入一个字符串:" TO X
C=SPACE(0)
L=LEN(X)
DO WHILE L>0
    Q=SUBSTR(X,L,1)
    ----(2)----
    ----(3)----
ENDDO
? "倒置字符串是:"+C
RETURN
SET TALK ON
```

（1）A．INPUT　　　　B．ACCEPT　　　C．WAIT　　　　D．STORE
（2）A．C=Q+C　　　　B．Q=Q+C　　　　C．C=C+Q　　　D．Q=C+Q
（3）A．L=L−1　　　　B．L=L+1　　　　C．L=L/2　　　　D．L=2*L

　　2．输入学生的成绩，显示该成绩的档次（优、良、中、及格和不及格），如果成绩不在 0～100 之间，则提示出错信息。

```
SET TALK OFF
CLEAR
INPUT '输入学生成绩=' TO ZJ
-----(1)-----
    ? '成绩输入有错！'
ELSE
    -----(2)-----
        CASE ZJ>=90
            DC='优'
        CASE ZJ>=80
            DC='良'
        CASE ZJ>=70
            DC='中'
```

```
    ? FIELD(I)
  ENDFOR
  SET TALK ON
```

第 3 题

```
  SET TALK OFF
  CLEA
  INPUT "M=" TO M                    &&输入：10
    I=2
    DO WHIL I<=M
      IF M%I=0
        ?? STR(I,6)
        M=INT(M/I)
        LOOP
      ENDIF
  I=I+1
    ENDDO
  SET TALK ON
```

第 4 题

```
  SET TALK OFF
  CLEAR
  INPUT "N=" TO N                    &&输入：3
  DIMENSION A(N,N)
  FOR I=1 TO N
    FOR J=1 TO N
      IF I=J OR I+J=N+1
        A(I,J)=1
      ELSE
        A(I,J)=2
      ENDIF
    ENDFOR
  ENDFOR
  FOR I=1 TO N
    ?SPACE(3*(N-I+1))
    FOR J=1 TO I
      ??STR(A(I,J),3)
    ENDFOR
  ?
  ENDFOR
  SET TALK ON
```

五、程序设计题（共 30 分）

1. 请编写程序，按下面的格式（如图 3-11 所示）输出九九乘法表。（8 分）

```
1*1= 1
2*1= 2  2*2= 4
3*1= 3  3*2= 6  3*3= 9
4*1= 4  4*2= 8  4*3=12  4*4=16
5*1= 5  5*2=10  5*3=15  5*4=20  5*5=25
6*1= 6  6*2=12  6*3=18  6*4=24  6*5=30  6*6=36
7*1= 7  7*2=14  7*3=21  7*4=28  7*5=35  7*6=42  7*7=49
8*1= 8  8*2=16  8*3=24  8*4=32  8*5=40  8*6=48  8*7=56  8*8=64
9*1= 9  9*2=18  9*3=27  9*4=36  9*5=45  9*6=54  9*7=63  9*8=72  9*9=81
```

图 3-11　九九乘法表

2．编制一个表单：判断输入的自然数是否为素数（只能被 1 或自身整除的自然数称为素数）。具体要求如下：① 当用户在 Text1 中输入任意自然数后，"判断"按钮会自动按下，并判断结果"是素数"或"非素数"显示在 Text2 中；② 按"退出"按钮时，自动关闭表单。具体界面如图 3-12 和图 3-13 所示。请写出：

（1）表单 Form1 的 Init 事件代码。设置表单、标签 Label1，Label2 和命令按钮 Command1，Command2 的标题，Text1 是选中状态，Text2 为只读，命令按钮 1 是默认按钮。

（2）"判断"按钮的 Click 事件代码。判断 Text1 中输入的数是否为素数，并显示在 Text2 中，同时将焦点打回到 Text1。

（3）"退出"按钮的 Click 事件代码。释放表单。（10 分）

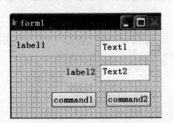

图 3-12　设计界面

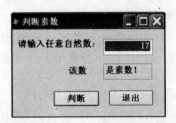

图 3-13　运行界面

3．设计表单：查询指定课程的成绩情况及该课程不及格的人数。表单的布局及运行后的界面如图 3-14～图 3-16 所示。请写出：

（1）表单 Form1 的 Init 事件代码。设置有关控件的标题，设置 List1 和 List2 的数据源、查询需要的数据到临时表等。

（2）List1 的 InteractiveChange 事件代码。填充 List2 的数据，计算指定课程不及格人数并将结果填入 List2 等。（12 分）

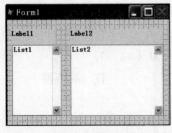

图 3-14　设计界面

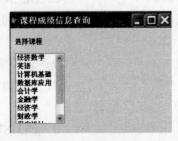

图 3-15　初始运行界面

图 3-16　选中课程后的运行界面

模拟试卷 3

一、判断题（每题 1 分，共 15 分）

1. SET EXACT ON 只对字符串运算起作用。
2. 数组与表文件一样，都可以永久保存大量结构化数据。
3. REPLACE 命令可以修改内存变量与字段变量。
4. 程序是为了完成某项指定的任务而需执行的命令序列。
5. 要在表单的标题栏显示指定的文字信息，应设置表单的 Caption 属性。
6. 函数自变量的数据类型和函数值的数据类型可以不一致。
7. 调用过程与调用自定义函数的方法完全相同。
8. 数据库的参照完整性规则可以保证数据库中数据的有效性与一致性。
9. 当前工作区是指现在正在使用的工作区。
10. 列表框、组合框的数据源可以通过其属性 RowSource 和 RowSourceType 进行设置。
11. 在数据环境中可以直接建立两表间的永久关联。
12. 在 Visual FoxPro 中，命令文件的扩展名为.fxp。
13. 组类容器（如命令按钮组等）的事件代码在任何时候都可以作为其所包含控件同名事件的默认代码。
14. Name 属性是事件或方法过程代码中唯一标识控件的名称，可以在属性窗口修改。
15. 数据库文件和数据库备注文件的扩展名分别是.dbc 和.dcx。

二、单选题（每题 1 分，共 15 分）

1. 函数 STR(2781.5785, 7, 2)返回的结果是（　　）。
   A. 2781　　　　　B. 2781.58　　　　　C. 2781.579　　　　　D. 81.5785
2. 数据表文件中有 10 条记录，当前记录号为 5，使用 INSERT BLANK 命令增加一条空记录，此空记录的记录号是（　　）。
   A. 4　　　　　　　B. 5　　　　　　　　C. 6　　　　　　　　D. 7
3. 在 Visual FoxPro 中，可以存储图像的字段类型应该是（　　）。
   A. 备注型　　　　　B. 数值型　　　　　C. 字符型　　　　　D. 通用型
4. 在 Visual FoxPro 中，能在索引文件中快速查找的命令是（　　）。
   A. LOCATE FOR　B. LIST　　　　　　C. SEEK　　　　　　D. GOTO
5. 在执行循环语句时，可利用下列（　　）语句跳出循环体。
   A. LOOP　　　　　B. SKIP　　　　　　C. EXIT　　　　　　D. END
6. 在下列数据类型的字段中，不能作为索引表达式的字段为（　　）。
   A. 备注型　　　　　B. 字符型　　　　　C. 日期型　　　　　D. 数值型
7. 在下述命令中，（　　）命令不能关闭表。
   A. USE　　　　　　　　　　　　　　　B. CLOSE TABLES
   C. CLEAR　　　　　　　　　　　　　　D. CLEAR ALL

8．下列方法程序中，不专属于列表框或组合框的是（　　　）。

  A．Refresh   B．Clear   C．RemoveItem   D．AddItem

9．命令 SELECT 0 的功能是（　　　）。

  A．选中最小工作区号   B．选择最近使用的工作区

  C．选中当前未使用的最小工作区号 D．选择当前工作区

10．容器具有收集属性和记数属性，下列属性不属于容器控件的是（　　　）。

  A．ControlCount 和 Controls   B．ListCount 和 List

  C．PageCount 和 Pages   D．ButtonCount 和 Buttons

11．不决定表单上的控件方位与大小的属性是（　　　）。

  A．Left 和 Top B．Width   C．WordWrap   D．Height

12．每一个表应该包括一个或一组字段，这些字段是表中每条记录的唯一标识，此信息称为表的（　　　）。

  A．外部关键字 B．主关键字   C．候选关键字   D．复合关键字

13．实体集 1 中的一个元素，在实体 2 中有多个元素与它对应；而实体集 2 中的一个元素，在实体集 1 中最多只有一个元素与它对应。这两个实体之间的关系是（　　　）。

  A．一对一   B．多对多   C．一对多   D．都不是

14．如果 ColumnCount 属性设置为-1，在运行时，表格将包含与其绑定的表中字段的列数是（　　　）。

  A．出错   B．0 列   C．1 列   D．表的实际列数

15．以下不属于数据库参照完整性规则约束的操作是（　　　）。

  A．浏览规则 B．更新规则   C．删除规则   D．插入规则

三、程序填空（每空 2 分，共 20 分）

说明：阅读下列程序说明和相应程序，在每小题提供的若干可选答案中，挑选一个正确答案。

1．求 1!+3!+5!+…+N!，N 由键盘输入。

```
SET TALK OFF
CLEAR
    ----(1)----
STORE 0 TO S,T
FOR I=1 TO N STEP 2
    DO SUB
    ----(2)----
ENDFOR
?S
SET TALK ON
PROC SUB
T=1
FOR J=1 TO ----(3)----
    ----(4)----
```

```
        ENDFOR
        RETURN
```

（1）A. ACCEPT "=" TO N   B. INPUT "N=" TO N

      C. WAIT "N=" TO N   D. DO WHILE .T.

（2）A. S=S+T   B. S=S+N   C. S=T   D. S=S+T*I

（3）A. N   B. T   C. 2*I+1   D. I

（4）A. T=T*I   B. T=T*J   C. T=T*N   D. S=S+J*T

2. 给定程序的功能是：从键盘输入学生学号，在"成绩.dbf"表中计算该学生的平均成绩，并说明成绩的档次（优、良、中、及格和不及格）。

```
        SET TALK OFF
        CLEA
        USE 成绩
            ----(1)----
        LOCATE FOR 学号=M
        IF EOF()
          ? "没有找到"
        ELSE
            ----(2)----
          DO CASE
            CASE CJ>=90
              DC="优"
            CASE CJ>=80
              DC="良"
            CASE CJ>=70
              DC="中"
            CASE CJ>=60
              DC="及格"
            ----(3)----
              DC="不及格"
          ENDCASE
          ? DC
        ENDIF
        USE
        SET TALK ON
```

（1）A. ACCEPT "请输入学号：" TO XH   B. INPUT"请输入学号：" TO XH

      C. ACCEPT "请输入学号：" TO M   D. WAIT "请输入学号：" TO XH

（2）A. COUNT 成绩 TO CJ FOR 学号＝M

      B. AVERAGE 成绩 TO CJ

      C. AVERAGE 成绩 FOR 学号＝M

      D. AVERAGE 成绩 FOR 学号＝M TO CJ

（3）A. OTHERWISE   B. ENDIF

　　C. ENDCASE　　　　　　　　　　　　D. CASE　CJ<=60

3．下面表单实现计算票价总额，如图 3-17 和图 3-18 所示。

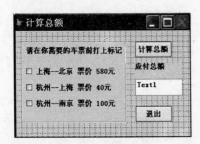

图 3-17　设计界面

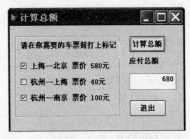

图 3-18　运行界面

● Command1（计算总额）的 Click 事件

```
----(1)----
IF Thisform.Check1.Value=1
      C=C+580
ENDIF
IF ----(2)----
      C=C+40
ENDIF
IF Thisform.Check3.Value=1
      C=C+100
ENDIF
----(3)----
```

（1）A. C=0　　　　　　　　　　　　　B. C=1

　　 C. S=S*C　　　　　　　　　　　　D. S=S+C

（2）A. C=C+620　　　　　　　　　　　B. Thisform.Check2.Value=.F.

　　 C. This.Check2.Value=1　　　　　　D. Thisform.Check2.Value=1

（3）A. Thisform.C=S　　　　　　　　　B. Thisform.Release

　　 C. C=720　　　　　　　　　　　　D. Thisform.Text1.Value=C

四、程序阅读（每小题 5 分，共 20 分）

　　说明：阅读下列程序，写出程序的运行结果。

　　第 1 题

```
SET TALK OFF
CLEAR
USE 课程
LOCATE FOR 学期="1"
DO WHILE !EOF()
    ?课程名
    CONTINUE
ENDDO
```

```
        USE
        SET TALK ON
```

第 2 题

```
        SET TALK OFF
        CLEAR
        FOR K=1  TO 5
            FOR J=1  TO  2*K-1
                ??"*"
            ENDFOR
            ?
        ENDFOR
        SET TALK ON
```

第 3 题

```
        SET TALK OFF
        CLEAR
        INPUT "X="  TO  X  &&输入 2
        INPUT "N="  TO  N  &&输入 3
        STORE 1 TO S,A,B
        FOR  I=1  TO  N
            A=A*X
            B=B*I
            S=S+A/B
        ENDFOR
        ? "S="+STR(S,4,1)
        SET TALK ON
```

第 4 题

```
        SET TALK OFF
        CLEAR
        INPUT "X="  TO  X  &&输入 12
        S=STR(X,5)+"="
        FOR I=2 TO X
            IF MOD(X,I)=0
                S=S+STR(I,3)+"*"
                X=INT(X/I)
                I=I-1
            ENDIF
        ENDFOR
        ?LEFT(S,LEN(S)-1)
        SET TALK ON
```

五、程序设计题（共 30 分）

1．编写程序：用键盘输入一字符串，统计其中含有数字字符（0～9）的个数。如字符串 TYW63SDJ34 中含有的数字字符为 4 个。（8 分）

2．设计一个闪烁的指示灯。要求如下：按下"开始"按钮，形状每隔 1 秒钟在方形和圆形之间切换，同时形状的颜色也在绿色和红色之间切换；按下"停止"按钮，结束上述动作。初始运行时为方形、绿色。设计界面和运行界面分别如图 3-19～图 3-21 所示。请写出：

（1）表单的 Init 事件代码。设置要求的各种属性。

（2）"开始"按钮的 Click 事件代码。

（3）"停止"按钮的 Click 事件代码。

（4）计时器的 Timer 事件代码。（10 分）

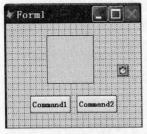  

图 3-19　设计界面　　　　图 3-20　初始运行界面　　　图 3-21　开始后运行界面

3．使用学生表、成绩表和课程表建立一个学生成绩查询表单。在下拉列表框中选定姓名后按"确定"按钮，能将该同学的各门成绩显示在列表框中，并计算出该同学的平均成绩，将结果显示在 Text3 中。设计界面及运行界面如图 3-22～图 3-24 所示，学生表、成绩表和课程表已经放入数据环境。请写出：

（1）表单的 Init 事件代码。设置下拉列表框的数据源，将需要的数据查询放入一个临时表，设置右边的对象为不可见；

（2）"确定"按钮的 Click 事件代码。填写学号和姓名，将选定记录的成绩填入列表框，计算该生的平均成绩并填入文本框，使所有的对象都可见。

（3）"退出"按钮的 Click 事件代码。（12 分）

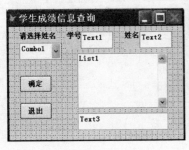 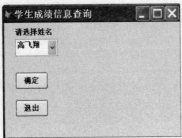 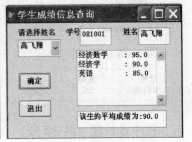

图 3-22　设计界面　　　　图 3-23　初始运行界面图　　　图 3-24　选择并按"确定"

　　　　　　　　　　　　　　　　　　　　　　　　　　　　　　　按钮后的运行界面

模拟试卷 1 参考答案

一、判断题（每题 1 分，共 15 分）

1. ×　2. ✓　3. ✓　4. ×　5. ✓　6. ✓　7. ×　8. ✓　9. ×　10. ✓　11. ✓　12. ×

13. ×　14. ×　15. ✓

二、单选题（每题 1 分，共 15 分）

1. B　2. D　3. B　4. A　5. C　6. C　7. B　8. A　9. B　10. D　11. C　12. B　13. A

14. B　15. A

三、程序填空（每空 2 分，共 20 分）

第 1 题

（1）B　　　（2）C　　　（3）A

第 2 题

（1）B　　　（2）C　　　（3）C　　　（4）D

第 3 题

（1）B　　　（2）B　　　（3）C

四、程序阅读（每小题 5 分，共 20 分）

第 1 题

会计学
金融学
经济学

第 2 题

　　A r r h !!→G o o d !!

第 3 题

```
    **
   ****
  ******
 ********
**********
```

第 4 题

```
-------------------
学号        成绩
081005      56
-------------------
```

五、程序设计题（共 30 分）

第 1 题（8 分）

```
SET TALK OFF
CLEAR
```

```
INPUT "N=" TO N
S=0
T=1
FOR I=1 TO N
    T=1*I
    S=S+T
ENDFOR
?"S=",S
SET TALK ON
```

第 2 题（10 分）

（1）Form1 的 Init 事件代码

```
SET TALK OFF
INDEX ON LEFT(学生.学号,3) TO XH UNIQUE
Thisform.Combo1.DisplayValue=LEFT(学生.学号,3)
SCAN
    Thisform.Combo1.Additem(LEFT(学生.学号,3))
ENDSCAN
SET INDEX TO
```

（2）"确定"按钮的 Click 事件代码

```
SUM 奖学金 TO JXJ FOR LEFT(学号,3);
=ALLTRIM(Thisform.Combo1.Displayvalue)
Thisform.Text1.Value=JXJ
Thisform.Refresh
```

（3）"退出"按钮的 Click 事件代码

```
Thisform.Release
```

第 3 题（12 分）

（1）Form1 的 Init 事件代码

```
SET SAFETY OFF
This.Caption="学生成绩信息查询"
This.Label1.Caption="选择学生姓名"
This.List1.Rowsourcetype=6
This.List1.Rowsource="学生.姓名"
This.List2.Rowsourcetype=0
This.List2.Rowsource=""
SELECT 成绩.学号,学生.姓名,成绩.课程号,课程.课程名,成绩.成绩 FROM 学生,课程,成绩;
    WHERE 成绩.学号=学生.学号 AND 成绩.课程号=课程.课程号 INTO TABLE CJXX ;
    ORDER BY 成绩.学号
This.Label2.Visible=.F.
This.List2.Visible=.F.
```

（2）List1 的 InterActiveChange 事件代码

```
Thisform.List2.Clear
SELECT CJXX
STORE 0 TO PJCJ,N
SCAN FOR 姓名=Thisform.List1.Value
    Thisform.List2.Additem(课程号+ "--"+课程名+STR(成绩,5,1))
    PJCJ=PJCJ+成绩
    N=N+1
ENDSCAN
Thisform.List2.Additem("所有课程平均成绩："+STR(PJCJ/N,5,1))
Thisform.Label2.Caption="学生"+ALLTRIM(Thisform.List1.Value)+"成绩信息情况："
Thisform.List2.Visible=.T.
Thisform.Label2.Visible=.T.
Thisform.Refresh
```

模拟试卷 2 参考答案

一、判断题（每题 1 分，共 15 分）

1. ×　2. √　3. √　4. √　5. ×　6. √　7. ×　8. √　9. ×　10. ×　11. √　12. ×
13. √　14. ×　15. ×

二、单选题（每题 1 分，共 15 分）

1. C　2. B　3. C　4. B　5. C　6. B　7. A　8. C　9. A　10. D　11. D　12. C　13. A　14. C
15. C

三、程序填空（每空 2 分，共 20 分）

第 1 题
（1）B　　（2）C　　（3）A
第 2 题
（1）A　　（2）D　　（3）B　　（4）C
第 3 题
（1）C　　（2）D　　（3）D

四、程序阅读（每小题 5 分，共 20 分）

第 1 题
合格
　　90.00
第 2 题
学号
姓名
性别
出生年月
奖学金
简历
照片
第 3 题
2　　5
第 4 题
　　　1
　　2　1
　1　2　1

五、程序设计题（共 30 分）

第 1 题（8 分）
```
SET TALK OFF
CLEAR
```

```
        ENDDO
      ENDIF
      ?"口令第"+STR(I,1)+"次错，再试一次！"
      ----3----&&此处填空
    ENDDO
    SET TALK ON
```

14. 本程序显示学生表中获得奖学金的学生姓名和奖学金数额。

```
    SET TALK OFF
    CLEAR
    USE 学生
    ------1------&&此处填空
      IF ----2----&&此处填空
        ? 姓名,奖学金
        SKIP
      ELSE
        ----3----&&此处填空
      ENDIF
    ENDDO
    USE
    SET TALK ON
```

15. 本程序显示学生表中1990年或以前出生的学生姓名和出生年月（日期型）。

```
    SET TALK OFF
    CLEAR
    USE 学生
    LOCATE ----1----&&此处填空
    ----2----&&此处填空
      ? 姓名,出生年月
      ----3----&&此处填空
    ENDDO
    USE
    SET TALK ON
```

16. 本程序计算一个十进制正整数 N 的各位数字之和（如输入 12378，则计算 1+2+3+7+8）。

```
    SET TALK OFF
    CLEAR
    INPUT "M=" TO M
    IF INT(M)!=M OR ABS(M)!=M
      ? "输入的数据不符合题目要求！
      ---1----&&此处填空
      S=0
```

```
    DO ---2----&&此处填空
   T=MOD(M,10)
    S=S+T
    M=---3----&&此处填空
ENDDO
?S
ENDIF
SET TALK ON
```

17. 本程序实现从键盘中输入 5 个数，去掉一个最大数和一个最小数，然后求平均值。

```
SET TALK OFF
CLEAR
INPUT 'N=' TO N
---1----&&此处填空
FOR I=1 TO 4
   INPUT 'N=' TO N
   IF ---2----&&此处填空
     A=N
   ENDIF
   IF B>N
     B=N
   ENDIF
   ---3----&&此处填空
ENDFOR
? '平均值=',(S-A-B)/3
SET TALK ON
```

18. 计算 1!+3!+5!+…+N!，N 由键盘输入。

```
SET TALK OFF
CLEAR
---1----&&此处填空
STORE 0 TO S,T
FOR I=1 TO N STEP 2
    DO SUB
    ---2----&&此处填空
ENDFOR
?S
SET TALK ON
PROC SUB
T=1
FOR J=1 TO I
    ---3----&&此处填空
ENDFOR
```

19. 设变量 N 的输入值为 5，字符 A 的 ASCII 码为 65。程序的运行结果如图 4-2 所示。

```
SET TALK OFF
CLEAR
INPUT "N=" TO N
FOR I=1 TO N
    ? ---1----&&此处填空
    FOR J=1 TO ---2----&&此处填空
        ?? ---3----&&此处填空
    ENDFOR
ENDFOR
SET TALK ON
```

A
BBB
CCCCC
DDDDDDD
EEEEEEEEE

图 4-2　输出图形

20. 将表"学生.dbf"中指定学生（由键盘输入）的奖学金加 60，并显示该学生的记录。

```
SET TALK OFF
CLEAR
USE 学生
ACCEPT "输入学号=" TO M
---1----&&此处填空
IF !EOF()
---2----&&此处填空
  DISPLAY
ELSE
?"没有找到！"
    ---3----&&此处填空
USE
SET TALK ON
```

21. 下面程序统计指定学生的平均成绩及该成绩的档次。

```
SET TALK OFF
CLEAR
USE 成绩
ACCEPT "请输入学生的学号：" TO XH
---1----&&此处填空
IF !FOUND()
    ?"查无此人！"
ELSE
    ---2----&&此处填空
  DO CASE
    CASE PJCJ>=90
        DC="优"
    CASE PJCJ>=80
        DC="良"
    CASE PJCJ>=70
```

```
        DC="中"
    CASE PJCJ>=60
        DC="及格"
    ---3----&&此处填空
        DC="不及格"
    ENDCASE
    ?"学　号","平均成绩","档次"
    ?XH,STR(PJCJ,8,2),DC
ENDIF
USE
SET TALK ON
```

22. 程序输出的结果如图 4-3 所示。

```
SET TALK OFF
CLEA
A="*"
---1----&&此处填空
FOR K=1 TO H
    ? ---2----&&此处填空
    FOR T=1 TO ---3----&&此处填空
        ??A
    ENDFOR
ENDFOR
SET TALK ON
```

```
        *
       ***
      *****
     *******
    *********
```
图 4-3　输出图形

23. 编程实现将日期转换成中文星期的自定义函数。

```
PARAMETERS D
N=---1----&&此处填空
DO CASE
    CASE    N=1
        C="星期日"
    CASE    N=2
        C="星期一"
    CASE    N=3
        C="星期二"
    CASE    N=4
        C="星期三"
    CASE    N=5
        C="星期四"
    CASE    N=6
        C="星期五"
    CASE    N=7
        C="星期六"
    ---2----&&此处填空
```

```
         C="输入有错！"
   ENDCASE
   ---3----&&此处填空
```

24. 本程序实现"百钱买百鸡"的计算。（取自《算经》："鸡翁一，值钱五；鸡母一，值钱三；鸡雏三，值钱一。百钱买百鸡，问鸡翁、母、雏各几何？"）

```
SET TALK OFF
CLEAR
FOR X=0 TO 20
   FOR ---1----&&此处填空
      Z=100-X-Y
      IF ---2----&&此处填空
         ?"X="+STR(X,2),"Y="+STR(Y,2),"Z="+STR(Z,2)
      ENDIF
   ENDFOR
---3----&&此处填空
SET TALK ON
```

25. 输入一个自然数，判断该数是否为完数。（完数的定义：若该数除本身之外的所有因子之和等于该数，则为完数。例如，1+2+3=6，6 为完数；1+2+4≠8，8 不是完数。）

```
SET TALK OFF
CLEAR
INPUT "M=" TO M
N=1
---1----&&此处填空
FOR N=1 TO M-1
   IF ---2----&&此处填空
      S=S+N
   ENDIF
ENDFOR
IF ---3----&&此处填空
   ?M,"是完数！"
ELSE
   ?M,"不是完数！"
ENDIF
SET TALK ON
```

4.2　程序改错题

下面各程序中，在＊＊＊＊＊＊N＊＊＊＊＊＊标注的下一句有错误，改正错误并调试运行。

1. 求当 $1! + 3! + 5! + \cdots + N!$ 的值不超过 10^{20} 时的临界值及 N 的值。

```
SET TALK OFF
CLEAR
S=0
N=1
******12******
DO WHILE I<N
        T=1
        FOR I=1 TO N
            ******2******
                T=I*I
        ENDFOR
        S=S+T
      ******3******
        N=N+1
ENDDO
?"N=",N-4
SET TALK ON
```

2. 计算 $X^1 + X^2 + X^3 + X^4 + \cdots + X^N$ 的值。N，X 从键盘输入。

```
SET TALK OFF
CLEAR
INPUT "N=" TO N
INPUT "X=" TO X
******1******
S=1
T=1
I=1
DO WHILE I<=N
    ******2******
        T=S*X
        S=S+T
        I=I+1
    ******3******
    ENDFOR
?"S=",S
SET TALK OFF
```

3. 用带参调用的方法计算 M! / (M−N)!*N!。

```
SET  TALK  OFF
CLEAR
INPUT " M=" TO M
INPUT " N=" TO N
MJ=M
******1******
DO JC
NJ=N
DO JC WITH NJ
******2******
MNJ=0
DO JC WITH MNJ
? " S=" ,MJ/(NJ*MNJ)
SET TALK ON
PROCEDURE JC
PARAMETERS X
T=1
FOR I=1 TO X
      T=T*I
ENDFOR
******3******
X=I
RETURN
```

4. 输出 3～M（M 为正整数，从键盘输入）之间的素数和素数的个数。

```
SET  TALK  OFF
CLEAR
INPUT "M=" TO M
K=0
FOR X=3 TO M
   FOR N=2 TO X-1
   ******1******
      IF X/N=0
          EXIT
      ENDIF
   ENDFOR
   ******2******
   IF N>X
   ?? X
      ******3******
      K=K+X
   ENDIF
ENDFOR
?"共"+ALLTRIM(STR(K))+"个素数"
```

```
SET TALK ON
```

5. 统计显示课程表中所有学期考试课和考查课的总学分数。输出格式如下：

```
学期      考试课总学分        考查课总学分
****************************************
  1           11                3
 ...          ...               ...
SET TALK OFF
CLEAR
USE 课程
INDEX ON 学期 TO XQ
?"学期       考试课总学分          考查课总学分"
?"*********************************************"
DO WHILE .NOT.EOF()
   XQ=学期
   STORE 0 TO KS,KC
   ******1******
   DO WHILE .T.
        IF 考试标志="1"
          ******2******
          KC=KC+学分
          ELSE
          KC=KC+学分
        ENDIF
        ******3******
        CONTINUE
   ENDDO
   ?XQ+STR(KS,19,2)+STR(KC,19,2)
ENDDO
USE
SET TALK OFF
```

6. 编写程序显示输出给定行数的对称菱形图案，如图 4-4 所示。

```
SET TALK OFF
CLEAR
INPUT "N="  TO  N  &&输入 5
FOR  I=1  TO  N
   ******1******
   ?
   ******2******
   FOR  J=1  TO  N
      ??CHR(ASC("A")+I-1)
   ENDFOR
ENDFOR
```

```
      A
     BBB
    CCCCC
   DDDDDDD
  EEEEEEEEE
   DDDDDDD
    CCCCC
     BBB
      A
```

图 4-4　输出图形

```
FOR  P=N-1  TO  1  STEP -1
   ?SPACE(N-P)
   ******3******
   FOR  K=1  TO  2*N-1
      ??CHR(ASC('A')+P-1)
   ENDFOR
ENDFOR
SET TALK ON
```

7. 本程序显示如图 4-5 所示的的九九乘法表。

```
SET TALK OFF
CLEAR
FOR I=1 TO 9
   ******1*****
   ?I
ENDFOR
I=1
DO WHILE I<=9
  ?
  ******2*****
  FOR J=1 TO 9
    ?? STR(I*J,4)
  ENDFOR
  I=I+1
  ******3*****
ENDFOR
SET TALK ON
```

1	2	3	4	5	6	7	8	9
1								
2	4							
3	6	9						
4	8	12	16					
5	10	15	20	25				
6	12	18	24	30	36			
7	14	21	28	35	42	49		
8	16	24	32	40	48	56	64	
9	18	27	36	45	54	63	72	81

图 4-5　输出图形

8. 求 3～200 之间的素数。

```
SET TALK OFF
CLEAR
FOR M=3 TO 200
   ******1*****
   FOR  N=1  TO  M
      ******2*****
      IF  M/2=INT(M/2)
         EXIT
      ENDIF
   ENDFOR
   ******3*****
   IF  N>M
      ?? M
   ENDIF
ENDFOR
```

```
    SET TALK ON
```

9. 本程序用以判断输入的字符串是否是回文（回文是指从左到右和从右到左读时都一样的字符串，不区分大小写字母）。

```
    SET TALK OFF
    CLEAR
    C=SPACE(0)
    ACCEPT '请输入字符串=' TO ST
    ******1******
    I=LEFT(ST,1)
    J=1
    DO WHILE J<=I
      Q=SUBST(ST,J,1)
      ******2******
      C=C+Q
      J=J+1
    ENDDO
    ******3******
    IF ST=C
      ? ST,'是回文'
    ELSE
      ? ST,'不是回文'
    ENDIF
    SET TALK ON
```

10. 本程序求 S=K！+…+M！（M，K 由键盘输入，且 M>K），请输出 S 的值。

```
    SET TALK OFF
    CLEAR
    INPUT 'K=' TO K
    INPUT 'M=' TO M
    STORE 0 TO S,A
    I=K
    DO WHILE I<=M
      ******1******
      DO SUB
      ******2******
      S=S+P
      I=I+1
    ENDDO
    ? S
    SET TALK ON
    PROC SUB
    PARA P,N
    STOR 1 TO P,L
```

```
******3******
DO WHILE L<=I
  P=P*L
  L=L+1
ENDDO
RETURN
```

11. 本程序输入一个一位数值（0～9），并把它转化为对应的中文大写数字（零～玖）。

```
SET TALK OFF
CLEAR
X='零壹贰叁肆伍陆柒捌玖'
******1******
DO WHILE NOT EOF()
    INPUT 'N=' TO N
    ******2******
    S=STUFF(X,N,2)
    ?STR(N,1)+"--->"+S
    WAIT '是否继续（Y/N）' TO T
    ******3******
    IF UPPER(T)='n'
        EXIT
    ENDIF
ENDDO
SET TALK ON
```

12. 对成绩.dbf（其中包含"学号"字段，并且以"学号"为关键字建立了索引标识"学号"）中学号相同的重复记录进行逻辑删除。

```
SET TALK OFF
CLEAR
SET DELETED ON
******1******
USE 成绩
DO WHILE NOT EOF()
  XH=学号
  SKIP
  ******2******
  DO WHILE .NOT.EOF()
      DELETE
      ******3******
  CONTINUE
  ENDDO
ENDDO
LIST
USE
```

```
SET TALK ON
```

13. 本程序是在屏幕上打印输出如图 4-6 所示的图形。

```
SET TALK OFF
CLEAR
K=1
DO WHILE K<=4
    C=1
    ******1******
    DO WHILE C<=4
      ?? STR(10-C,3)
      C=C+1
    ENDDO
    ******2******
    C=C+1
    K=K+1
******3******
ENDFOR
SET TALK ON
```

```
9 8 7 6 5 4 3
9 8 7 6 5
9 8 7
9
```

图 4-6 输出图形

14. 将给定正整数的值分解因子，并输出各个质数因子（如 24 的质数因子有 2，2，2 和 3）（如果一个质数是某个数的约数，那么这个质数是这个数的质数因子）。

```
SET TALK OFF
CLEAR
******1******
ACCEPT  'M=' TO M
IF INT(M)!=M OR ABS(M)!=M
  ? '输入的数据不符合题目要求！'
******2******
ENDIF
  I=2
  ? STR(M)+'的质数因子有：'
  DO WHILE I<=M
   IF M%I=0
       ?? STR(I,6)
     ******3******
     M=INT(M,I)
     LOOP
   ENDIF
   I=I+1
 ENDDO
ENDIF
SET TALK ON
```

15. 对任意一个正数值型数据（该数可有小数若干位，整数部分不超过 12 位）自动进行小数部分四舍五入取 2 位，并将其转换为中文大写金额。

```
SET TALK OFF
CLEAR
C1="零壹贰叁肆伍陆柒捌玖"
C2="分角元拾佰仟万拾佰仟亿拾佰仟"
INPUT '输入一个正数=' TO Y
******1******
Y=STR(Y,2)
Y=Y*100
I=1
D=SPACE(0)
DO WHILE  Y>0
    P=MOD(Y,10)
    ******2******
    D=SUBSTR(C1,2*P-1,2)+SUBSTR(C2,2*I-1,2)+D
    I=I+1
    ******3******
    Y=INT(Y,10)
ENDDO
?"转换的结果是:"+D
SET TALK ON
```

16. 本程序输出一个对角线上元素为 0，其他元素为 1 的 6*6 阶方阵。输出时每个元素占 2 个字符，如图 4-7 所示。

```
SET TALK OFF
CLEAR
******1******
FUNCTION A(6,6)
FOR I=1 TO 6
  FOR  J=1  TO  6
    ******2******
    IF I=J
      A(I,J)=0
    ELSE
      A(I,J)=1
    ENDIF
  ENDFOR
ENDFOR
FOR I=1 TO  6
  FOR  J=1  TO  6
    ******2******
    ?A(I,J)
  ENDFOR
```

```
0 1 1 1 1 0
1 0 1 1 0 1
1 1 0 0 1 1
1 1 0 0 1 1
1 0 1 1 0 1
0 1 1 1 1 0
```

图 4-7　输出图形

```
    ?
  ENDFOR
  SET TALK ON
```

17. 本程序实现：对输入的正整数，判别其中包含指定数码的个数（如 2312132 中包含数码 1 的个数为 2）。

```
  SET TALK OFF
  CLEAR
  INPUT '输入数值=' TO M
  INPUT '输入数码=' TO N
  YSM=M
  S=0
  DO WHILE .T.
    ******1******
    Y=MOD(M/10)
    IF Y=N
      S=S+1
    ENDIF
    ******2******
    M=INT(M/N)
    IF M=0
    ******3******
      LOOP
    ENDIF
  ENDDO
  ?ALLTRIM(STR(YSM,19))+"中包含数码"+STR(N,1)+"共"+ALLTRIM(STR(S,19))+"个。"
  SET TALK ON
```

18. 本程序比较从键盘输入的若干个数的大小，并输出其中的最大数和最小数。

```
  SET TALK OFF
  CLEAR
  INPUT '请输入一个数:' TO M
  ******1******
  STORE 0 TO D,X
  DO WHILE .T.
    INPUT '请再输入一个数:' TO N
    IF D<N
      D=N
    ENDIF
    IF X>N
      X=N
    ENDIF
    YN='A'
  ******2******
```

```
    DO WHILE  UPPER(YN)
        WAIT '是否继续（Y/N）' TO YN
    ENDDO
    ******3******
    IF LOWER(YN)='Y'
        EXIT
    ENDIF
ENDDO
? '最大的数是：', D
? '最小的数是：', X
SET TALK ON
```

19. 输入 3 个正数，判定是否构成一个三角形，如果构成一个三角形，则返回.T.，否则返回.F.。另外通过参数的引用将三角形的面积传回。

```
*主程序
SET TALK OFF
CLEAR
INPUT 'X1=' TO X1
INPUT 'X2=' TO X2
INPUT 'X3=' TO X3
******1******
? TARER(X1,X2,X3)
?"三角形面积为:"+ALLTRIM(STR(X1,19,2))
SET TALK ON
*自定义函数
FUNCTION TARER
******2******
PARAMETERS A,B
******3******
IF A>B>C
    S=(A+B+C)/2
    A=SQRT(S*(S-A)*(S-B)*(S-C))
    RETURN  .T.
ELSE
    A=0
    RETURN  .F.
ENDIF
```

20. 本程序将成绩表中成绩小于 60 分的学号、课程号及成绩显示出来。

```
SET TALK OFF
CLEAR
USE 成绩
? '-------------------------------------------
? '        不及格学生名单
```

```
? '------------------------------------------'
? '学号       课程号       成绩'
******1******
GO BOTTOM
DO WHILE .NOT.EOF()
  IF 成绩<60
   ******2******
    ? 学号+SPACE(5)+课程号+SPACE(5)+成绩
  ENDIF
  SKIP
ENDDO
? '-------------------------------------------'
******3******
? '当前日期'+CTOD(DATE())
USE
SET TALK ON
```

21. 本程序用于计算 S=1+2+3+…+N 的和。

```
SET TALK OFF
CLEAR
******1******
ACCEPT "N=" TO N
S=0
I=0
******2******
DO WHILE I<=N
    I=I+1
    S=S+I
ENDDO
******3******
? "1+2+3+…+"+N+"="+S
SET TALK ON
```

22. 本程序实现：从键盘输入学生的学号，计算该生的平均成绩，并说明成绩的档次（优、良、中、及格和不及格）。

```
SET TALK OFF
CLEAR
USE 成绩
C="不及格   及格   中   良   优"
******1******
INPUT "输入学号="
LOCATE FOR 学号=XH
IF FOUND()
  ******2******
```

```
    TOTAL 成绩 TO CJ
    IF CJ<60
        R=0
    ELSE
        R=INT(CJ/10)-5
    ENDIF
    ******3******
    DC=STR(C,6)
    ? XH,CJ,DC
ELSE
    ? '查无此人！'
ENDIF
USE
SET TALK ON
```

23. 本程序实现指定表指定条件的任意查询功能。

```
SET TALK OFF
CLEAR
ACCEPT "请输入表名：(扩展名略)"  TO FNAME
******1******
IF .NOT. FILE(FNAME)
    WAIT "此表不存在！"
ELSE
    USE (FNAME)
    ZDSM=FCOUNT()
    ? "此表中的字段有："+STR(ZDSM)+"个"
    FOR I=1 TO ZDSM
            ? STR(I)+"    "
          ?? FIELD(I)
          ******2******
        ENDDO
ENDIF
ACCEPT "请输入显示表信息的条件表达式："  TO  EXP
******3******
LIST FOR EXP
USE
SET TALK ON
```

24. 本程序用于输入一个表名，若表存在则打开表，并显示其各个字段名。

```
SET TALK OFF
CLEAR
DO WHILE .T.
ACCEPT "请输入表名：(不含扩展名)"  TO FNAME
******1******
```

```
IF .NOT.FILE(FNAME)
  WAIT "此表不存在!"
ELSE
  USE &FNAME
  ZDSM=FCOUNT()
  ******2******
  ? "此表中的字段有: '+ZDSM+'个"
  FOR I=1 TO ZDSM
? STR(I)+"  "
******3******
      ?? NAME(I)
  ENDFOR
ENDIF
WAIT "继续否?(Y/N)" TO YN
IF UPPER(YN)="N"
  EXIT
ENDIF
ENDDO
SET TALK ON
```

25. 本程序在屏幕上显示如图 4-8 所示的图形。

```
    1
    1       2
    1       2       3
    1       2       3       4
    1       2       3       4           5
```

图 4-8　输出图形

```
SET TALK OFF
CLEA
K=1
DO WHIL K<=5
   C=1
   ******1******
   DO WHIL C<=5
   ******2******
    ? C
    C=C+1
   ENDDO
   ?
  ******3******
K=K-1
ENDDO
SET TALK ON
```

4.3 表单设计题

1. 设计一个标准化模拟考试表单。界面如图 4-9～图 4-12 所示。要求：文字字体、字号任意，当选择答案时，根据对错用 Messagebox() 函数显示提示信息。

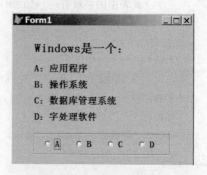

图 4-9 选择题设计界面   图 4-10 选择题运行界面

图 4-11 答对对话框   图 4-12 答错对话框

2. 编制一个表单完成表文件"学生.dbf"内容的只读浏览显示功能，界面如图 4-13 和图 4-14 所示。要求如下：① 表单初始显示内容为表文件"学生.dbf"的首记录；② 当按"前翻"、"后翻"、"首记录"和"末记录"按钮时，表单将自动显示相应记录的内容；③ 当翻至表头或表底时，将自动设置相应按钮不可访问。

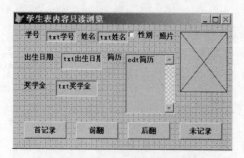

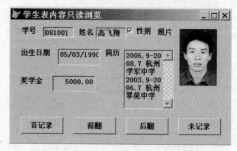

图 4-13 只读浏览设计界面   图 4-14 只读浏览运行界面

3. 编制一个表单完成学生成绩查询显示功能，数据来源于表文件"学生.dbf"和"成绩.dbf"。

界面如图 4-15 和图 4-16 所示。具体要求如下：① 当用户在组合框输入或选择姓名后，按回车键或"确定"按钮时，表单将自动显示对应学生的平均成绩，如果该学生不存在，则显示提示信息；② 按"退出"按钮时，自动关闭表单。

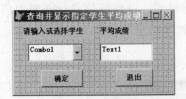

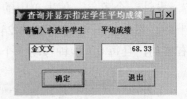

图 4-15　查讯显示设计界面　　　　　　　　图 4-16　查讯显示运行界面

4．编一页面转换表单，界面如图 4-17 和图 4-18 所示。要求表单上有一个包含 3 页的页框，每页依次放入一幅图画（FOX.bmp）、一张表格（显示"学生.dbf"的数据）、一个列表框（包含"学生.dbf"的"姓名"字段），并能每隔 2 秒钟从左自右自动换页，当翻到第 3 页后，自动回到第 1 页，未激活的页面自动设为不可访问。

图 4-17　页面转换设计界面　　　　　　　图 4-18　页面转换运行界面

5．借助于文本框和微调框编制一个手工日历表单，界面如图 4-19 和图 4-20 所示。要求日期以中文的方式居中显示，显示的字体为宋体、30 号字。

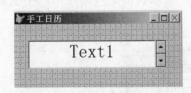

图 4-19　手工日历设计界面　　　　　　　图 4-20　手工日历运行界面

6．编制一个表单完成表文件"学生.dbf"内容的自动只读浏览显示功能，界面如图 4-21 和图 4-22 所示。具体要求如下：① 表单初始显示内容为表文件"学生.dbf"的首记录；② 表单内容将以 2 秒为间隔自动刷新，即自动顺序向后翻记录，当翻至表底时，将自动回到首记录循环翻动。

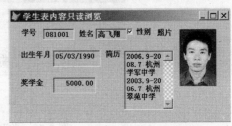

图 4-21　自动只读浏览设计界面　　　　　图 4-22　自动只读浏览运行界面

7. 设计一个表单，使表单中的信息行显示系统当前时间，并使该信息行在表单内左右缓慢平移。界面如图 4-23 和图 4-24 所示。要求：显示时间信息的字体大小为 20 号。信息先向右移动，且每 0.1 秒钟移动一个像素点。

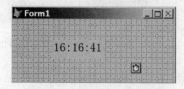 

图 4-23　显示时间设计界面　　　　　　图 4-24　显示时间运行界面

8. 利用计时器控件设计一个模拟拍球动作的表单。具体界面如图 4-25 和图 4-26 所示。球的起始位置在表单的顶行中部，表单执行后，球自上而下落下并且球体逐渐变大，当球到达表单底部时自动弹回，并且球体又逐渐回缩变小，当球到达顶部时再次自动下落，如此往复弹跳，仿佛有人用手拍打球，直到关闭表单。

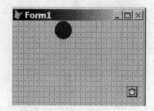 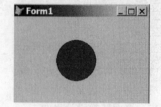

图 4-25　拍球动作设计界面　　　　　　图 4-26　拍球动作运行界面

9. 设计一个 3 表关联查询表单（学生表、成绩表和课程表），成绩表与学生表建立临时关联，成绩表与课程表建立临时关联，查询相关的信息。要求表格是只读显示，不能删除，不能添加。运行界面如图 4-27 和图 4-28 所示。

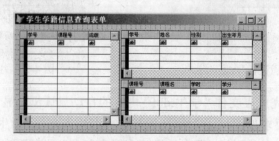

图 4-27　关联查询设计界面

图 4-28　关联查询运行界面

10. 设计一个表单，实现查询并显示指定学生的平均成绩和成绩档次。要求不及格的平均成绩和成绩档次用红字显示，其他用蓝字显示。具体界面如图 4-29 和图 4-30 所示。

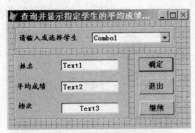

图 4-29　查询成绩设计界面　　　　　　　图 4-30　查询成绩运行界面

11. 编制一个表单完成计时器计数显示功能，界面如图 4-31 和图 4-32 所示。具体要求如下：① 表单初始显示状态为全零"00：00：00"；② 按"计数"按钮，将自动以秒为单位从零开始计数并在表单上动态显示；③ 按"停止"按钮将显示最后一刻的计数时间。

图 4-31　计数器设计界面　　　　　　　　图 4-32　计数器运行界面

12. 用选项按钮组设计 5 色调色板表单，界面如图 4-33 和图 4-34 所示。要求：文字为楷书、18 号字，表单的标题为"调色板"，按钮组包括 5 个按钮，按下图排列，当单击对应的按钮时，按钮组的背景颜色相应改变，初始颜色为红色。

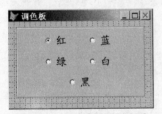
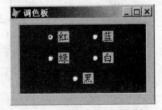

图 4-33　调色板设计界面　　　　　　　　图 4-34　调色板运行界面

13. 设计一个表单，当用户在文本框中输入矩阵的维数 N 后，按"显示"按钮则会在编辑框中输出对角线为 0 的 N 维矩阵，输入数据不合要求时显示提示信息。界面如图 4-35 和图 4-36 所示。

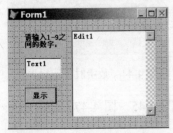

图 4-35　输出矩阵设计界面　　　　　　　图 4-36　输出矩阵运行界面

14. 设计一个完成口令判定功能的表单，界面如图 4-37～图 4-40 所示。具体要求如下：①用户从键盘输入口令时，表单的显示控件以"*"代替具体内容；② 系统的口令存放在表文件"学生.dbf"的姓名字段中，要求完全匹配；③ 输入口令后，按回车键或按"确定"按钮，将自动显示信息框（Messagebox），提示"正确！"或"错误！"；④ 按"退出"按钮将自动关闭表单。

图 4-37　口令判断设计界面

图 4-38　口令判断运行界面

图 4-39　正确窗口

图 4-40　错误窗口

15. 设计一个圆球跳动表单。要求：球的宽和高为 40 像素，球的填充颜色为 RGB(128,64,0)，表单的标题为"圆球跳动"，球每隔 0.5 秒在表单的上下边之间跳动。按"开始"按钮，球跳动；按"停止"按钮，球停止。设计界面和运行界面如图 4-41 和图 4-42 所示。

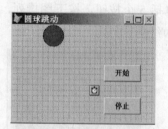

图 4-41　圆球跳动设计界面

图 4-42　圆球跳动运行界面

16. 运用文本框和计时器对象设计一个数字时钟表单，界面如图 4-43 和图 4-44 所示。要求：文本框文字为隶书、30 号字，表单的标题为"数字时钟"，每隔 1 秒钟刷新一次时间。

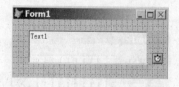

图 4-43　数字时钟设计界面

图 4-44　数字时钟运行界面

17. 编制一个显示时钟和日期的表单，界面如图 4-45～图 4-47 所示。命令按钮及文本框的字体、颜色和大小设置为自己喜欢的形式。

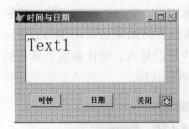

图 4-45　时间与日期设计界面　　　图 4-46　时间与日期运行界面　　　图 4-47　时间与日期运行界面

18．建立一个表单，通过每次单击"开始"按钮，都能实现表单的标签信息从顶行向下平移，移到底边即停止。设计界面如图 4-48 和图 4-49 所示。标签高度为 30 像素，字体颜色为蓝色。

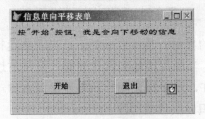
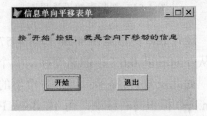

图 4-48　信息单向平移设计界面　　　　　图 4-49　信息单向平移运行界面

19．编制一个表单完成表文件"学生.dbf"内容的学生奖学金查询显示功能，界面如图 4-50 和图 4-51 所示。要求：① 当用户在下拉列表中选择班级（学号的前 3 位）后，按回车键或"确定"按钮时，表单将自动显示对应班级的奖学金总额；② 按"退出"按钮时，自动关闭表单。

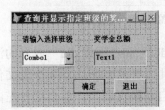
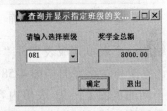

图 4-50　查询奖学金设计界面　　　　　图 4-51　查询奖学金运行界面

20．编制一个表单完成表文件"学生.dbf"内容的只读浏览显示功能，界面如图 4-52 和图 4-53 所示。具体要求如下：① 表单初始显示内容为表文件"学生.dbf"的首记录；② 当按"前翻"、"后翻"、"首记录"和"末记录"按钮时，表单将自动显示相应记录的内容；③ 当翻至表头或表底时，将自动设置相应按钮不可访问。

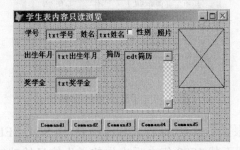

图 4-52　学生表浏览设计界面　　　　　图 4-53　学生表浏览运行界面

21．完成如图 4-54 和图 4-55 所示的表单设计。具体要求如下：当在文本框中输入数字并按回车键时，"判断"按钮会自动按下，判断该数是否为素数并将结果显示在 Text2 中，同时焦点自动回到 Text1 并选中原文本框中的数据，准备接收新的输入。设计界面上显示的属性请在属性窗口中设置，并请写出命令按钮 1，2 的 Click 事件代码。

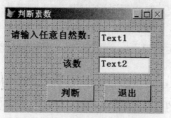
图 4-54　判断素数设计界面

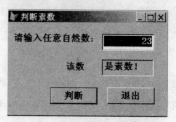
图 4-55　判断素数运行界面

22．设计表单完成如图 4-56 和图 4-57 所示的界面。具体要求如下：当表单运行后，图片自动从左向右以 0.01 秒的速度移动一个像素，当图片接触到右边界时，又从右边界向左边移动，如此反复。（提示：添加一个新的属性 F，用来标识图片向左还是向右移动，例如 Thisform.F=0 标识向右移动，而 Thisform.F=1 标识向左移动。）

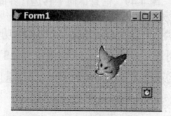
图 4-56　动画设计界面

图 4-57　动画运行界面

23．编制一个表单完成表文件"学生.dbf"、"成绩.dbf"和"课程.dbf"内容的浏览显示功能，设计界面和运行界面如图 4-58 和图 4-59 所示。具体要求如下：① 3 个表文件分别显示在 3 个不同的页面上；② 表单内容将以 2 秒为间隔自动换页刷新，即自动自左向右顺序翻页，当翻至第 3 页时，将自动回到第 1 页循环翻动。

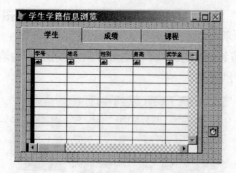
图 4-58　学籍浏览设计界面

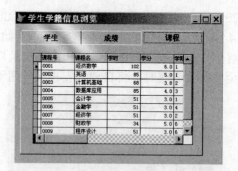
图 4-59　学籍浏览运行界面

24．设计如图 4-60 和图 4-61 所示的表单，根据学生表、课程表和成绩表，用 SQL-SELECT 语句实现以下查询：① 在"查询 1"按钮中实现查找 1990 年之后出生的学生信息的功能（查询内容显示时包含学号、姓名、出生日期、课程名和成绩 5 个字段）。② 在"查询 2"按钮中实现查找成绩在 60 分以上的学生信息功能（查询内容显示时包含学号、姓名、课程名和成绩 4 个字段）。③ 在"查询 3"按钮中实现查找学号的前 3 位为"081"的学生信息功能，查询内容显示时包含学号、姓名、课程名和成绩 4 个字段。

图 4-60　查询设计界面

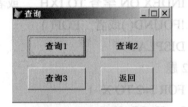

图 4-61　查询运行界面

25．编制学生表信息查询界面，要求以只读方式显示学生的信息，界面如图 4-62 和图 4-63 所示。

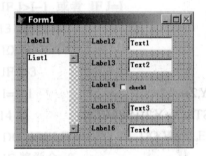

图 4-62　学生表信息查询设计界面

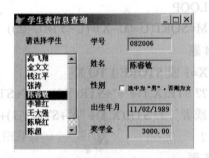

图 4-63　学生表信息查询运行界面

```
Thisform.Text1.Fontsize=30
Thisform.Timer1.Interval=1000
```

（2）计时器 Timer1 的 Timer 事件

```
Thisform.Text1.Value=LEFT(TIME(),2)+"时"+SUBSTR(TIME(),4,2)+"分"+ ;
RIGHT(TIME(),2)+"秒"
```

第 17 题

（1）表单 Form1 的 Init 事件

```
Thisform.Text1.Value="00：00：00"
Thisform.Timer1.Enabled=.F.
```

（2）命令按钮 Command1 的 Click 事件

```
Thisform.Timer1.Enabled=.T.
```

（3）命令按钮 Command2 的 Click 事件

```
Thisform.Timer1.Enabled=.F.
Y=ALLTRIM(STR(YEAR(DATE())))
M=ALLTRIM(STR(MONTH(DATE())))
D=ALLTRIM(STR(DAY(DATE())))
Thisform.Text1.Value=Y+"年"+M+"月"+D+"日"+CHR(13)+CDOW(DATE())
Thisform.Refresh
```

（4）命令按钮 Command3 的 Click 事件

```
Thisform.Release
```

（5）计时器 Timer1 的 Timer 事件

```
Thisform.Text1.Value=TIME()
Thisform.Refresh
```

第 18 题

（1）命令按钮 Form1 的 Init 事件

```
Thisform.Timer1.Enabled=.F.
```

（2）命令按钮 Command1 的 Click 事件

```
Thisform.Timer1.Enabled=.T.
```

（3）命令按钮 Command2 的 Click 事件

```
Thisform.Release
```

（4）计时器 Timer1 的 Timer 事件